Kristina Ziemer-Falke

Hallo Welpe!

So legst du mit deinem Welpen den perfekten Start hin

zsr VERLAG

Bibliografische Information der Deutschen Nationalbibliothek:
Die Deutsche Nationalbibliothek verzeichnet diese Publikation in der Deutschen Nationalbibliografie; detaillierte bibliografische Daten sind im Internet über dnb.dnb.de abrufbar.

Kristina Ziemer-Falke

Hallo Welpe!
So legst du mit deinem Welpen den perfekten Start hin

1. Auflage, zsr Verlag OHG 2022

Druck: kopa.lt

ISBN-13: 978-3-942295-21-5

DISCLAIMER
Zur besseren Lesbarkeit verzichten wir in diesem Buch auf die gleichzeitige Verwendung männlicher und weiblicher Sprachformen. Es wird das generische Maskulinum verwendet, wobei beide Geschlechter gleichermaßen gemeint sind.

Inhalt

Einleitung

Hallo und herzlichen Glückwunsch - in deinen Händen hältst du das Welpenbuch von mydog365 - eine exklusive Zusammenstellung mit dem Besten aus Theorie und Praxis aus dem erfolgreichen Online-Trainingsprogramm „Welpentraining - Der perfekte Start".

Als Hundeliebhaberin und Hundetrainerin liegt es mir sehr am Herzen, dich und deinen Vierbeiner auf den richtigen Kurs zu bringen. Und keine Sorge: Aufregung und Nervosität gehören einfach dazu. Selbst wenn man so ein alter Hunde-Hase ist wie ich und schon mehrere Hunde gehabt hat: Es bleibt einfach immer sehr aufregend! Zieht ein Welpe ein, geht nämlich ganz schön die Post ab ...

Und weil ich weiß, dass du wegen des bevorstehenden Abenteuers schon genug Sorgen hast, will ich dir die Anfangszeit mit diesem Buch erleichtern.

Das Buch ist eine gute Vorbereitung auf die turbulente und aufregende Zeit mit deinem Welpen. Du bekommst zahlreiche Praxisübungen und Anleitungen von mir mit auf den Weg und lernst, wie du deinen Hund bestmöglich auf sein späteres Leben vorbereitest.

Das erwartet dich:

- Die klassischen Welpenthemen: Stubenreinheit, Anspringen, Stress, Beißhemmung, das richtige Futter u. v. m.
- „Sitz", „Platz", „Hier": So bringst du deinem Schützling nachhaltig und spielerisch alle Basissignale bei.
- Dein Welpe muss alleine bleiben? So hilfst du ihm, eine sichere und entspannte Persönlichkeit aufzubauen und Phasen, in denen er einmal alleine bleiben muss, als normal und entspannt zu empfinden.
- Mögliche Sorgen und Ängste bauen wir gemeinsam ab.
- Du wirst verstehen, wie dein Hund kommuniziert und wie du am besten auf seine Bedürfnisse eingehst. Und du lernst, auf dein Bauchgefühl zu vertrauen und für deinen Schützling die richtigen Entscheidungen zu treffen! Du hast mit diesem Buch all das Wissen, was du brauchst, um aus deinem verspielten Racker einen glücklichen Hund zu machen, der in dir zu jeder Zeit einen souveränen und verlässlichen Partner sieht.

Eine spannende Zeit beginnt und ich freue mich sehr, dich mit diesem Buch dabei zu begleiten!

Deine Tina

1. Perfect match – So findest du den richtigen Hund

Die Entscheidung ist gefallen: Du möchtest dir unbedingt einen Welpen zulegen. Aber: Woher weißt du, welcher Welpe überhaupt zu dir und deinem Leben passt? Und wo findest du ihn?

Das Gute: Es gibt jede Menge Auswahl! Für jeden Charakter und Lebensumstand gibt es auch den richtigen Welpen. Somit hast du jede Menge Auswahloptionen und ich bin mir sicher, dass du den richtigen Welpen finden wirst.

Es gibt viele Möglichkeiten einen Welpen zu bekommen, wie etwa vom Züchter, aus dem Tierheim, vom Tierschutz usw. Um sicher zu gehen, dass es sich um eine vertrauensvolle Quelle handelt, fühle deinem Gegenüber ruhig auf den Zahn, um zu erfahren, wie dein Schützling die ersten Wochen aufwachsen durfte. Seriöse Quellen geben auch zu unbequemen Fragen ehrliche Antworten. Und je mehr Fragen du stellst, desto besser!

Aber bitte nicht wundern: Auch du wirst durchleuchtet werden, weil jeder gute Züchter und jede Vermittlungsstelle natürlich genauso wissen möchte, wo ihre Welpen hinkommen und wie das neue Leben ihrer kleinen Helden zukünftig sein wird. Sowohl du als auch die Züchter haben ein gemeinsames Ziel: Der Welpe soll ein gutes neues Zuhause finden.

Worauf du bei der Auswahl besonders achten solltest:

- Achte darauf, dass der kleine Welpe gesund ist. Körperlich und in Bezug auf sein Verhalten. Verhält er sich neugierig und freundlich? Kommt er offen auf dich zu, wenn du ihn siehst? Ist er neugierig? Das ist ein gutes Zeichen.

- Die Mutterhündin sollte vor Ort sein: Beobachte, wie die Beziehung/der Umgang zwischen Hündin und Welpe ist. Schau auch, wie er sich gegenüber seinen Geschwistern verhält.

Keksbestechung und Krauleinheiten! So gelingt eure erste Annäherung …

Wenn du einen Welpen ins Auge gefasst hast, kannst du in ersten Besuchszeiten mit ihm Kontakt knüpfen. Am besten signalisierst du dem kleinen Hund, dass er gerne näher kommen darf, um dich zu beschnüffeln. Bleib dabei die ganze Zeit über ruhig. Wenn du direkt wild auf ihn zugehst, könnte ihn das verängstigen und das wäre natürlich kein guter Start für euch.

Für eine erste Annäherung empfehle ich dir ein schönes Spielchen: Setz dich bequem in den Schneidersitz auf den Boden. In dieser Position kannst du länger ruhig sitzen. Dann nimmst du ein Leckerchen in die Hand und schaust, ob der Hund aus deiner Hand frisst. Lass die Hand geöffnet und warte, ob sich der Kleine nähert.
Wenn du das zwei- bis dreimal wiederholt hast, stehst du einfach in Ruhe auf und gehst weg. Lächle ihn an, wenn er sich nähert, und sprich mit ruhiger Stimme zu ihm. Wenn er sich streicheln lässt, genießt ein wenig Qualitytime zusammen. Streicheleinheiten sind wichtig und tun sowohl dir als auch deinem Welpen gut – übrigens sogar mehr als Leckerchen.

Nun kennt er dich schon ein wenig besser und verbindet etwas Positives mit dir.

Ein Schnuffeltuch für mehr Sicherheit

Von Beginn an kannst du deinem kleinen Welpen Sicherheit vermitteln. Bring ihm ein Schnuffeltuch mit, wenn du ihn besuchst. Aber nicht irgendeines. Wähle ein von dir getragenes T-Shirt, das deinen persönlichen Geruch trägt. Du kannst es – in Absprache mit dem Züchter, dem Tierheim oder dem Tierschutz – in sein Körbchen legen. So kann er sich direkt an deinen Geruch gewöhnen und kennt ihn bereits, wenn er schließlich (mit Schnuffeltuch) in sein neues Zuhause umzieht.

Dein kleiner Welpe weiß nämlich noch nicht, dass du sein neuer Halter bist, bei dem er die nächsten 15 Jahre glücklich leben wird, und dass du dich um ihn kümmern und ihn pflegen wirst, wenn er krank ist.

Diese Weitsicht hat der Welpe nicht, weil er im Hier und Jetzt lebt. Die Übergabe vom Züchter zu dir nach Hause kommt für ihn ganz „plötzlich". Du nimmst ihn einfach mit, sein Umfeld und seine bisherigen Geborgenheitsreize verändern sich komplett, seine Mutter ist nicht mehr da und zu alledem kommt er in ein neues Zuhause mit vielen neuen Gerüchen.

Er kann hier nicht einschätzen, ob das alles gut für ihn ist. Daher unterstützt du zumindest ein kleines bisschen, wenn du ihm mit dem Schnuffeltuch ein Stück Sicherheit mitgibst, damit er deinen Geruch früh verinnerlichen kann und das Tuch mitnehmen kann beim Einzug in sein neues Zuhause.

2. Das richtige Futter

Was ein Hund zum Überleben natürlich ganz klar braucht, ist Nahrung. Aber wie findest du das richtige Futter? Ich kann dich beruhigen: Es gibt bei dieser Frage kein „richtig" oder „falsch". Und es gibt in den Fachgeschäften mehrere Futter-Möglichkeiten, ob Trockenfutter, Nassfutter oder „BARF".

Du wirst feststellen, dass das Thema Ernährung sehr emotional ist. Na klar, wir Hundehalter wollen es ja richtig machen für den Hund. Gleichzeitig ist es aber auch sehr verwirrend, weil der Markt einfach unglaublich groß ist und die Möglichkeiten für Hund und Halter nahezu unerschöpflich scheinen.

Wichtig: Lass dich von dem Thema nicht stressen, sondern probiere es aus.

Wenn du sichergehen willst, lass dich vom Züchter oder der Pflegestelle beraten.
Dort bekommt der Welpe bereits Futter. Wenn dein kleiner Vierbeiner zu dir zieht, ist es hilfreich, erst einmal beim alten Futter zu bleiben. Pluspunkt für den Welpen: Er bekommt etwas Bekanntes in das neue, unbekannte Umfeld mit und du weißt, dass er es bisher gut vertragen hat. Das hilft ihm und dir bei der Umgewöhnung.

Gehe davon aus, dass du – je nach Größe und auch Gewöhnung des Hundes durch den Züchter zur Übergabezeit – deinen Hund zwischen drei- bis viermal täglich füttern wirst. Plane dies in deinen Zeitplan von Beginn an ein. Verbinde es

selbst mit Ruhephasen, sodass der Hund die Fütterung mit einem ruhigen Umfeld verbinden kann. Das entspannt den Welpen und auch dich.
Im Laufe der Zeit setzt man die Menge auf zwei bis drei Portionen pro Tag herab. Oft findest du Hinweise dazu auf der Futterpackung. Das ist sicherlich eine gute Option zur Orientierung. Schau zusätzlich individuell auf deinen Hund. Er zeigt dir meistens, wie gut er mit der aktuellen Fütterungssituation zurechtkommt.
Solltest du Hilfe benötigen, so wende dich mit deinem Hund an einen professionellen Hundeernährungsberater. Er kann dich unterstützen. Eine ausgewogene und individuelle Fütterung ist gerade im Wachstum sehr wichtig, um die Weichen für eine gesunde Zukunft zu stellen.
Direkt beim Einzug eines Welpen rate ich vom Experimentieren mit dem Futter ab. Schau, dass du ein sogenanntes Alleinfuttermittel verfütterst, damit dein Welpe mit allem Nötigen, wie Kohlenhydrate, Eiweiß, Fett, Mineralien und Vitamine, versorgt wird. Dies gibt es als extra Welpenfutter.
Unterstütze ihn in den ersten Wochen mit einem regelmäßigen Futterrhythmus. Das ist nicht nur für eine gute Magen-Darm-Tätigkeit gut, sondern hilft deinem kleinen Welpen auch psychisch. Durch den Rhythmus bekommt er in seinem Alltag Säulen, an denen er sich gut orientieren kann. Hinterher kannst du die Mahlzeiten auch flexibler gestalten.
Ich empfehle dir, deinen Welpen im ersten Jahr schlank zu halten, damit seine Gelenke und Knochen von seinem Gewicht nicht in Mitleidenschaft gezogen werden und der Knochenaufbau ohne zusätzliche Belastung stattfinden kann.
Wichtig: Deinem Hund muss immer Zugang zu frischem Wasser gewährt werden.

Das musst du zum Thema Futterwechsel wissen

Wenn du das Gefühl hast, dass dein Hund wie ein Hefekloß aufgeht, kannst du das Futter etwas reduzieren und anpassen. Kontrolliere auch seine Hinterlassenschaften. Diese geben Aufschluss darüber, wie er sein Futter verträgt. Hat er über 2-3 Tage hinweg Durchfall oder zeigt sich das Futter als stark unverdaulich und es liegt kein Infekt oder starker Stress vor – das sollte mit deinem Tierarzt abgesprochen werden -, wäre es eine Überlegung wert, über einen Futterwechsel nachzudenken.

Das Gleiche gilt, wenn sich dein kleiner Welpe viel übergibt. Ich werde von Hundehaltern immer wieder gefragt, wie sie das Futter am besten wechseln. Meistens ist damit gemeint, dass der Halter wissen möchte, ob er von jetzt auf gleich das Futter wechseln oder ob man es lieber langsam ausschleichen sollte. Ich empfehle dir, einfach auf dein Bauchgefühl zu vertrauen, weil du am besten und direkt siehst, wie dein Hund reagiert und wie es ihm geht. Es gibt Hunde, die stecken das weg, wenn du einfach von heute auf morgen das Futter wechselst. Das ist meistens bei Hunden der Fall, die einen recht unempfindlichen Magen haben, sich wenig übergeben oder wo wenig hinten rauskommt. Tipp: Oft fressen sie auch Leckerchen und Knabberzeug zwischendurch, ohne in Bezug auf ihre Verdauung mit der Wimper zu zucken. Aber es gibt auch Hunde, wo es sinnvoller ist, das Futter langsam auszuschleichen und die Menge des alten Futters schrittweise immer weiter zu reduzieren und von dem neuen Futter immer mehr beizumischen.

Das sind absolute TABUS:

- Schokolade ist ein absolutes Tabu. Das kann tödlich für den Hund werden. Das enthaltene Theobromin ist für deinen Schatz sehr gefährlich und giftig.

- Weitere Lebensmittel, die tabu sein sollten, sind Rosinen, Weintrauben und Koffein.

- In der Pflanzenwelt ist beispielsweise Rhododendron schädlich. Knabbert dein Hund im Garten an diesem Gebüsch, setze dich mit deinem Tierarzt in Verbindung. Auch Rizinus, Eibe, Weihnachtsstern und Oleander u. v. m. können schädlich für den Hund sein.

Einen Giftnotruf für Tiere gibt es bisher nicht. Dafür hat jedes Bundesland aber eine Informationszentrale für Vergiftungen, die du anrufen kannst:

- Berlin und Brandenburg: Tel.: 030/ 19 240
- Nordrhein-Westfalen: Tel.: 0228/ 19 240
- Mecklenburg-Vorpommern, Sachsen, Sachsen-Anhalt, Thüringen: Tel.: 0361/ 730730
- Baden-Württemberg: Tel.: 0761/ 19 240
- Niedersachsen, Bremen, Hamburg und Schlesweig-Holstein: Tel.: 0551/ 19 240
- Saarland: Tel.: 06841/ 19 240
- Rheinland-Pfalz und Hessen: Tel.: 06131/ 19 240
- Bayern: Tel.: 089/ 19 240

3. Die ersten Tage bei dir Zuhause

Zieht dein Welpe (endlich) bei dir ein, sind natürlich alle aufgeregt. Jeder möchte vorbeikommen und deinen neuen Hund kennenlernen. Das ist absolut verständlich, aber gib deinem Schützling 2-3 Tage Ruhe. Lass ihn entspannt in seinem neuen Zuhause ankommen.

Wundere dich nicht, wenn erst einmal Folgendes passiert: Dein Welpe kommt an, läuft ein bisschen durch die Wohnung, schnuppert hier und da, macht Pipi und legt sich erst mal schlafen. Er holt sich an dieser Stelle das, was er braucht. Die kommende Zeit wird sehr aufregend für ihn und er kann noch gar nicht einschätzen, was als Nächstes passiert. Wenn er sich entspannt zum Schlafen legt: Lass ihn am besten einfach schlafen. Das Schlafbedürfnis eines Welpen liegt bei rund 18 Stunden täglich. Gib ihm die Chance dazu, sich diese zu nehmen.

Damit sich dein Welpe immer wieder entspannen kann, sollte er von Anfang an einen oder mehrere Rückzugsorte haben: Ein Körbchen, eine offene Box, eine Decke unter deinem Küchentisch … Es kann sein, dass sich dein Welpe von alleine einen Lieblingsplatz aussucht. Wenn er eine bestimmte Stelle in deiner Wohnung bevorzugt, kannst du diese ruhig nutzen und auf seine Bedürfnisse eingehen. Nicht selten schiebt man das Körbchen noch mal um, weil der Hund es eben an anderer Stelle doch schöner findet, als wir Hundehalter im Vorfeld dachten.

Eine häufige Frage, die sich werdende Hundeeltern stellen ist: **“Muss ich Urlaub nehmen, um meinen Welpen abzuholen?”**

Toll wäre es, wenn du ein paar Tage frei hast. Vielleicht kannst du das Abholen des Hundes auf einen Freitag legen, sodass du Samstag und Sonntag schon mal zu Hause bist. So könnt ihr euch prima in den ersten Tagen aufeinander einstellen und der Welpe kann sich an dir orientieren. Viele Hundehalter nehmen natürlich gerne Urlaub, damit sie am Anfang mehr Zeit für den Hund haben. Aber Achtung: Hier kann es passieren, dass sich der Hund denkt:

„Super, Mutti ist ja immer da! Das ist ja klasse!“

Somit sollte der Urlaub dosiert eingesetzt werden, sodass eine Gewöhnung an eine Dauerpräsenz ausbleibt und sich mögliche Trennungsprobleme nicht nach hinten verlagern. Denk dran, dein Welpe versteht eine plötzliche Umstellung, nämlich, dass du wieder arbeiten musst, nicht so einfach, weil er sich die Logik nicht ableiten kann.

Den Welpen alleine lassen.

Es fällt dir am Anfang sicherlich schwer, dich von deinem kleinen Welpen zu trennen. Gerade wenn er dich immer so süß anschaut.

Aber du solltest bereits in den ersten Tagen beginnen, deinem Hund zu zeigen, dass es in Ordnung ist, wenn du ihn kurz alleine lässt. Es sollte selbstverständlich sein, dass du auch mal

ohne ihn rausgehst.
Kennt der Hund es von Beginn an, wird es gleich zu seiner neuen Routine gehören und er wird entspannt alleine bleiben können.

Baue solche Einheiten immer wieder in euren Tag ein. Lass sie ganz natürlich einfließen, aber ohne Belohnung. Raum wechseln oder Wohnung verlassen, mit einem Lächeln und dem Wissen darum, dass es gut für euch alle ist.

Versuche dieser Situation eine realistische, freundliche Bedeutung zu widmen, aber keine für den Hund belohnungsfördernde Situation daraus zu schaffen. Das Ziel ist, dass sich der Hund auch ohne deine Anwesenheit entspannen kann und darf.

Wie dein Hund sein neues Zuhause kennenlernt

Für dich als frisch gebackener Welpenpapi oder frisch gebackene Welpenmami sind nun zwei Begriffe wichtig, denen du während der ersten Lebenswochen mit deinem Welpen mehr Bedeutung schenken solltest.

Habituation bedeutet, dass sich dein Welpe an seine **unbelebte Umwelt** gewöhnt. Dazu zählen etwa Mülltüten, Mülleimer, Staubsauger oder Straßenlaternen. Für ihn machen menschliche Erfindungen und Gegenstände oft wenig Sinn. Die Logik fehlt ihm – also sollte er diese Gegenstände kennenlernen, um ihnen angstfrei begegnen zu können.

Sozialisation heißt, dass sich dein Welpe mit seiner **belebten Umwelt** vertraut macht und sich an sie gewöhnt. Darunter fallen natürlich Menschen, Artgenossen oder andere Tiere. Je entspannter er sie kennenlernen darf, umso entspannter werden auch zukünftige Begegnungen ausfallen.

Bei diesen Lernprozessen kannst du deinem Welpen helfen. Das fängt direkt bei dir im Haushalt an. Nehmen wir mal als Beispiel den Staubsauger.

Am ersten Tag steht der Staubsauger einfach in der Ecke. Am zweiten Tag steht er etwas mehr im Raum. Am dritten Tag rollst du das Kabel aus. Und irgendwann benutzt du den Staubsauger ganz natürlich. So wird sich dein Welpe langsam an den Staubsauger gewöhnen.

Achtung: Hier wird ohne Leckerchen gearbeitet und der Hund wird auch nicht gelockt, denn es soll eine neutrale Gewöhnung stattfinden. Der Prozess soll für deinen Welpen gar nicht positiv belegt/verknüpft werden. Sonst beginnt eine Erwartungshaltung:

„Immer wenn ich einen Staubsauger sehe, bekomme ich ein Leckerchen!“

Also: Mach keinen Hype daraus und lass sich deinen Welpen einfach in Ruhe an die Gegenstände im Haushalt gewöhnen.

Der Welpe darf das alles in seinem Tempo lernen. Es gibt hier kein Zeitmaß, denn jeder Welpe ist individuell. Wenn du ihm seine Zeit gibst, gibst du ihm gleichzeitig viel Sicherheit. Und je mehr Sicherheit du ihm vermittelst, desto souveräner wird er nach seiner sozialen Reife sein.

Dein Welpe beißt überall hinein und knabbert alles an? Das hat es damit auf sich:

Welpen haben noch ihre 28 Milchzähne und ihr Job ist es, in dieser Zeit alles mal anzuknabbern, damit sie die sogenannte **Beißhemmung** lernen und eine Sensibilität für ihr Gebiss entwickeln können. Sie lernen, wie tief sie zubeißen dürfen und können, je nach Material.

Und dein Welpe ist ganz schön neugierig. Er erkundet seine Welt mit seinen Zähnen. Deine Blumentöpfe, deine Couch, den Wäschekorb. Wirklich alles! Und er stellt dabei dein ganzes Leben auf den Kopf. Das ist ganz normal.

Daher ist es sinnvoll, die Wohnung vorher welpensicher zu machen, damit dein Hund nicht in Kabel beißt, die mit der Steckdose verbunden sind oder deine teuren Schuhe zerkaut.

Wenn er das tut, merke dir: Er macht es nicht absichtlich. Er macht es, weil er die Möglichkeit dazu hat und sich ausprobiert. Er kommt bestimmt auf ein „Trainingsprogramm“, auf das du nicht kommen würdest – Welpen sind da erfinderisch –, aber nimm ihm die Dinge einfach kommentarlos und in Ruhe weg und leg sie außer Zahnweite.

Später erfährst du von mir noch ausführliche Praxisübungen dazu. Wenn du allerdings nicht warten kannst, dann blättere einfach jetzt schon auf Seite 116.

4. Spaziergänge von Anfang an sinnvoll gestalten

Natürlich hat dein Hund sehr viel mehr Bedürfnisse, als einfach nur zu fressen und sich bei dir wohlzufühlen. Er muss 3-5 Mal am Tag vor die Tür, um eben auch seinem Bedürfnis nach Sozialkontakten nachkommen zu können. Spaziergänge sollten daher als gemeinsamer „social walk" verstanden werden, in denen alle auf ihre Kosten kommen.

„Ich habe morgens aber leider wenig Zeit für einen Spaziergang ... Was mache ich denn dann?"

Ich denke, dass jeder von uns eingespielt ist. Morgens hat man so seinen Lauf und bis man in die Gänge gekommen ist, ist es sinnvoll, Rituale nicht zu unterbrechen, weil das bei uns Menschen Stress auslösen kann.

Für deinen Hund ist das in Ordnung. Es kann also gut sein, dass du morgens nach dem Aufstehen nur eine kurze Pipirunde einplanen kannst oder sich der Hund schnell im Garten lösen kann. Der große Spaziergang folgt meist ein wenig später. Dein Hund gewöhnt sich an diesen Ablauf und wird es dir auch nicht übel nehmen, wenn die erste Runde also nur zum schnellen Lösen gedacht ist. Er wird auch nicht mehr einfordern, wenn ihm immer derselbe Ablauf vorgelebt wird. Das bedeutet, wenn er keine andere Erwartung hat, wird er dich morgens, zwischen Tür und Angel, auch nicht zum Toben auffordern. Wichtig ist, dass der Hund jedoch in der folgenden Runde seinen Bedürfnissen entsprechend ausgelastet wird. Durch diese Rituale schaffst du Rhythmen, die zu Beginn wiederum Sicherheit und Orientierung vermitteln können.

Nutze Spaziergänge für euer erstes Training! Jeder Spaziergang ist für deinen Welpen interessant und er lernt dabei alles Wichtige kennen. Viele neue Eindrücke und Informationen formen deinen Hund. Welpen neigen dazu, dass die Neugier überwiegt und dass sie auch ohne Belohnung gut mitarbeiten. Es ist für sie schon Belohnung genug, dass sie mit dir die Welt gemeinsam erleben können.

Gehe mit deinem Hund gemeinsam spazieren – nicht nur körperlich, sondern auch psychisch. Betrachte ihn und schaue, was dein Hund gerne mag. Woran schnüffelt er? Welche Hunde und Tiere mag er? Gibt es Menschengruppen, die er besonders mag? Wie verhält er sich auf unbekannten Strecken? Sucht er Orientierung an dir?

Junge Hunde laufen gerne gemeinsam mit ihrem „Team“

mit. Sie schauen oft zu ihren Haltern. Registriere das schon früh und fördere gewünschtes Verhalten und dies im besten Fall eben, bevor ungewünschtes Verhalten entsteht. Ganz praktisch bedeutet das, dass dein Hund bestätigt werden sollte, wenn er brav an der Leine läuft und gerade alles richtig macht. Bekommt er hier den Hinweis durch dich, dass dies ein lohnendes Verhalten ist, so wird er es in Zukunft häufiger zeigen.

Hunde lernen meistens früh genug und von alleine, dass man an der Leine ziehen kann. Meistens korrigieren wir dann und teilen ihnen mit, dass wir dieses Verhalten nicht wünschen. Oft fehlt aber in diesem Zusammenhang, dass dem Welpen eine Alternative aufgezeigt wird. Was soll er stattdessen tun? Für den Hund ist das schwer begreiflich. Da die meisten Hunde aber lernen, dass sie durch Ziehen an der Leine schneller zum Ziel kommen, kann auch Ziehen für den Hund einen Vorteil haben. Lege deshalb den Schwerpunkt von Beginn an auf das gewünschte Verhalten und fördere dieses. Du wirst es zukünftig leichter haben.

Was ist besser: Geschirr oder Halsband?

Zum Thema Leinenführigkeit gibt es noch ein Sonderkapitel, in dem ich dir Schritt für Schritt erkläre, wie du die Trainingseinheiten sinnvoll und effektiv gestaltest. An dieser Stelle will ich aber schon einmal eine ganz typische Frage ansprechen, quasi die Fragen aller Fragen:

„Soll ich meinen Hund an einem Geschirr oder Halsband führen? Was ist besser?!"

Unser eigentliches Ziel wird sein, dass dein Hund sowieso leinenführig mit dir spazieren gehen möchte, und dann ist es (ihm) egal, was er trägt. Das ist die gute Nachricht.

Dennoch scheint diese Frage immer wieder bei Hundehaltern Diskussionen auszulösen. Es gibt aber keine Pauschalantwort und somit auch kein richtig oder falsch. Es gibt unterschiedliche Charaktere, sowohl die des Halters als auch die des Hundes. Es gibt Vorlieben und auch Meinungen zu dem Thema.

Hinzu kommt der Körperbau des Hundes. Auch dieser bedarf einer individuellen Passung an Geschirr oder Halsband …

Das Sinnvollste: Schnapp dir deinen Welpen und fahr gemeinsam mit ihm ins Geschäft und probiere verschiedene Modelle einfach an deinem Welpen an. Es gibt viele Normgrößen, die aber nicht zu jedem Hund passen, daher ist ein individuelles Anpassen zu empfehlen.

Kleine Fakten, die du beim Shopping beachten solltest:

- Halsband und Geschirr sollten so gut sitzen, dass der Hund sich nicht durch das Einlegen des Rückwärtsganges herauswinden kann.

- Denke auch daran, deine Investitionen im Blick zu haben, da Welpen sehr schnell wachsen und du sicherlich noch in weitere Halsbänder oder Geschirre investieren musst/darfst, die längere Zeit halten.

- Lass dich durch einen Fachmann/eine Fachfrau beraten, die dir Tipps gibt.

- Schau, dass der Hund während des Kaufprozesses auch einen Probelauf von ein paar Schritten machen kann, sodass du das Material sowohl im Stehen als auch im Gehen (gerne alle Tempi, wie Schritt, Trab und Galopp) kurz antesten kannst. Halsband und Geschirr sollten nicht die Fortbewegung hemmen.

- Der Welpe sollte beim Tragen des Geschirrs/Halsbandes entspannt atmen können.

Am Anfang nimmt dein Welpe sein Halsband möglicherweise als Fremdkörper wahr und fängt an, sich zu kratzen. Das lässt nach ein paar Tagen nach. Meistens auch schon, wenn man mit ihm raus in die Umwelt und spazieren geht. Ablenkung ist ein tolles Zaubermittel.

5. So wird dein Hund stubenrein!

Zur Stubenreinheit verrate ich dir eine goldene Regel: Gib deinem Welpen einen Rhythmus. Lass ihn spätestens alle 2-3 Stunden raus. Geh dazu mit deinem kleinen Hund an die Stelle, an der er sich lösen darf.

Das alles ist sehr aufregend für ihn. Gib deinem Welpen und auch dir genug Zeit, denn unter Druck funktioniert das Ganze nicht.

Wenn dein Welpe sich gelöst hat, kannst du ihm gerne bestätigen, dass er das richtig gemacht hat. Mit Lob, einer dicken Belohnung oder einem Leckerchen.

Abgesehen davon gibt es drei Situationen, in denen du unbedingt eingreifen und ihn rauslassen solltest:

- **Nach jedem Schlafen**
- **Nach dem Fressen**
- **Nach jedem Spielen**

Liegt dein Hund im Körbchen und wird wach, schnapp ihn dir! Gerade wenn er aus dem Tiefschlaf kommt, kann es gut sein, dass er dringend muss.

Besonders in der ersten Zeit neigen Welpen dazu, sich im Haus sehr sicher zu fühlen, und sobald die Haustür aufgeht, stehen sie da und sagen:

„Ich geh da nicht raus, die große Welt ist einfach noch zu gefährlich!!"

Keine Sorge: Die Phase lässt nach! Aber besonders in der Zeit, in der du deinen Welpen stubenrein bekommen willst, ist es sinnvoll, dass du ihn quasi über die Schwelle trägst. Nimm ihn hoch, halte eine Hand stützend unter seinen Popo, damit seine Gelenke und Knochen unterstützt werden, und setz ihn dann auf seine Stelle. Wenn er sich gelöst hat, lob ihn ordentlich.

Das Gleiche gilt auch für nach dem Fressen: Geh mit deinem Welpen sofort nach draußen.

Und auch nach jedem Spielen haben Welpen Druck auf der Blase, nämlich vom Wechsel „Anspannung - Entspannung". Bei jedem Spannungswechsel im Körper ist die Wahrscheinlichkeit, dass dein Welpe sich lösen muss, ziemlich groß.

Wenn du das die ersten Tage machst, gewöhnt sich dein Hund an diese Zeiten, die du Schritt für Schritt ausweiten kannst. Gerade am Anfang hält sein Schließmuskel nicht so lange und dein Welpe braucht deine Unterstützung.

Hier ist besonders hilfreich, wenn dein Welpe durch deine positive Bestätigung merkt:

„Aha, immer wenn ich draußen Pipi mache, freut sich mein Mensch ganz doll!"

Er lernt, dass er auch was davon hat, wenn du dich freust!

Es ist natürlich nicht zu vermeiden, dass es das eine oder andere Malheur geben wird, aber das ist nicht schlimm. Wichtig ist, dass du ihm mitteilst:

„Hier drin ist das keine so gute Idee. Es ist viel besser, wenn du dich draußen löst."

Wenn du deinen Hund also auf frischer Tat ertappst, wenn er gerade ins Wohnzimmer macht, dann hole dir seine Aufmerksamkeit durch ein kurzes „Hej“, um ihn anzusprechen. Er wird sich nämlich umdrehen und logischerweise abklemmen.

Achtung: Dein Hund sollte auf keinen Fall Angst vor dir haben! Also nicht schreien. Es geht lediglich darum, dass er durch das Geräusch unterbrochen wird, damit er nicht weiter in die Wohnung pieselt. Trag ihn umgehend zu seiner Pinkelstelle nach draußen.

Denn **a)** hat er noch was in der Blase und **b)** lernt dein Welpe nichts, wenn du nur durch „Hej“ ablenkst. Er braucht von dir immer ein Alternativverhalten. Hat sich dein Welpe schließlich draußen gelöst, belohne ihn wieder ausgiebig.

Du kommst nach Hause und siehst die Überraschung vor Ort liegen? Einfach kommentarlos wegwischen. Das heißt: Rufe deinen kleinen Hund nicht nochmal zu dir, um zu sagen, dass er etwas falsch gemacht hat. Das verbindet er nicht mit dem Kontext des Pipimachens. Die Situation selbst liegt schon zu lange in der Vergangenheit.

Und: Warte am Anfang lieber nicht darauf, dass dein Hund dir von selbst zeigt, dass er muss, indem er an der Tür kratzt oder unruhig davor hin- und herläuft. Das tun nicht alle Hunde. Sei also nicht enttäuscht, wenn dein Welpe das nicht (gleich) macht.

Deine harte Arbeit und dein konsequentes Training werden sich auszahlen und du wirst die Abstände langsam nach hinten ausdehnen können.

„Wie ist es denn nachts? Muss ich da auch alle zwei bis drei Stunden raus?"

Nein, das musst du nicht. Nutze einen gesunden Tag- und Nachtrhythmus für dich und deinen Hund. Das könnte zum Beispiel ab 22:00 Uhr der Fall sein. Lass ihn da noch einmal raus und danach lässt du ihn friedlich in seinem Körbchen schlafen. Sollte er nachts unruhig werden, wirst du in der Nähe sein und ihn hören, um ihn rauszulassen.

6. Das erste Training beginnen –

deinen Welpen zuverlässig abrufen

Zeit zu trainieren! Dein Welpe ist schon einige Tage bei dir und hat sich gut eingelebt. Beginne mit den ersten kleinen Übungseinheiten, die du einfach in den Alltag einbauen kannst. Dadurch gestaltet sich das Training als etwas Normales, das sich nicht vom Alltag abhebt. Das ist wichtig, damit der Hund zukünftig immer auf deine Signale hört und eben nicht nur in einem gestellten Training.

Starte am besten mit einer der wichtigsten Übungen - dem Abruf!

Kannst du einen Hund sicher abrufen - und das über mehrere Distanzen und Ablenkungsgrade hinweg -, kannst du deinem Hund in Zukunft sehr viel Freiheit schenken. Dies wiederum hat zur Folge, dass du Sicherheit erlangst, weil du sicher sein kannst, dass dein Hund zuverlässig auf deinen Rückruf reagiert.

Ein bisschen Theorie vorab

Dein Hund ist jetzt noch in der Welpenphase und du wirst merken, dass er deine Signale gerne umsetzen wird. Das wird/kann sich jedoch im Laufe der Zeit ändern. In ein paar Monaten oder Wochen kommt er in die erste Phase der Pubertät.

Diese Zeit ist biologisch betrachtet sehr wichtig. Der junge Hund wird erwachsen und soll zunehmend seine soziale Reife erreichen.

Dazu gehört auch, dass er nicht mehr ganz so gut auf deine Signale reagiert und diese hinterfragt, um die Konsequenz dahinter zu verstehen. Dieser Prozess ist für die Selbstwirksamkeit des Hundes und seine weitere Entwicklung unerlässlich.

Durch Konsequenz in deinen Handlungen unterstützt du euch dabei, ein sicherer Hafen für deinen Hund zu werden.

Wichtig: Den Abruf richtig zu erlernen, ist ein zyklischer Prozess. Der Hund wird am Anfang mal auf den Abruf hören, mal nicht, denn ab einem gewissen Ablenkungsgrad sagt er sich:

„Ne, tut mir leid. Also, du sagst jetzt ‚Hier' und wenn ich komme, kriege ich vielleicht ein Leckerli ... Aber guck doch mal - da vorne laufen zwei Rehe!"

Die Entscheidung liegt auf der Hand: Dein Hund wird sich für die Rehe entscheiden. Da kommen wir nur durch Training und Attraktivität ran. Und hierbei sind zwei Schritte wichtig:

- **1. Setze ein Ziel fest und visualisiere es.**
- **2. Durchhalten und Training, Training, Training!**

Oft sagen Hundehalter:

„Der kann, der will nur nicht."

Meistens stimmt das so aber gar nicht. In den meisten Fällen weiß der Hund überhaupt nicht, was er machen soll. Der Hund muss die Übung richtig verstanden haben, um sie auch umzusetzen. Wenn wir von etwas ausgehen, so heißt es noch lange nicht, dass der Hund auch davon ausgeht.

Aus diesem Grund ist es wichtig, dass du ein Ziel definierst:

Beantworte dabei folgende Fragen:

- **Was wünschst du dir?**
- **Was soll dein Hund tun, wenn du ihn zurückrufst?**
- **Wie lange und wo soll der Hund dein Signal umsetzen?**

Ziele werden immer positiv formuliert.

Meine persönliche Definition vom perfekten Abruf:

Wenn ich mein Signalwort rufe, dreht sich mein Hund sofort freudig erregt um und weiß: **„Mein Mensch hat gerufen und ich lasse alles stehen und liegen und komme ran und setze mich vor! Egal, wo er sich befindet, und egal, unter welcher Ablenkung."**

Trainiere das, was du dir wünschst, immer konsequent. Jeder in der Familie kann dabei seine eigenen Ziele haben. Auch unterscheiden sich die Trainingswege zum Ziel bei einzelnen

Familienmitgliedern. Das ist nicht schlimm, wenn nur jeder seiner Linie treu bleibt. Dein Hund stellt sich individuell auf jeden ein und weiß auch, mit wem er es „machen kann und mit wem nicht."

Wenn du also beim Abruf einen Vorsitz trainieren möchtest und dein Partner/deine Partnerin nicht, so ist das völlig in Ordnung. Bleibst du für dich konsequent, nimmt dein Hund das wahr und honoriert das. Er freut sich über deine klaren Strukturen und Abläufe.

Mein persönliches Signal für den Abruf: Kiwi

Kiwi ist mein persönliches Zauberwort. Das klingt auf den ersten Blick albern, hat aber folgenden Hintergrund:

Es ist ein Begriff, der in meinem Alltag nicht wirklich häufig fällt. Anders als das Wort „Hier" zum Beispiel. In der Familie sagt immer irgendjemand:

„Hierhin!" oder „Ah, hier ist das, was ich gesucht habe!"...

Der Hund hört die Vokabel also sehr häufig außerhalb seiner Übung. Und das verwirrt ihn, weil es in diesen anderen Kontexten keine Bedeutung für ihn hat. Schließlich verlange ich nicht, dass er jedes Mal herkommt – Inkonsequenz auf beiden Seiten ist vorprogrammiert.

Such dir ein Wort aus, dass du nur für den Rückruf nutzen möchtest.

Den Abruf trainieren - So geht's!

Das Training folgt drei Schritten:

- 1. Wortsignal-Konditionierung
- 2. Handlung antrainieren
- 3. Handlung mit Signal verbinden

Schritt 1: Konditionierung. So machst du dein Zauberwort für deinen Welpen attraktiv!

Starte das Training im heimischen Wohnzimmer, wo die Reize am geringsten sind. So lässt er sich umso weniger ablenken.

Bis jetzt ist dein neues, unbenutztes, zukünftiges Wort für deinen Abruf für deinen Hund genauso interessant wie eine Kaffeekanne: Er hat noch keinen Bezug dazu, aber das änderst du jetzt. Dein Hund wird künftig ein gutes Gefühl mit seinem Abrufsignal verknüpfen.

Was du brauchst: schmackhafte Leckerchen oder etwas, für das dein Hund alles stehen und liegen lässt.

Der Ablauf ist recht einfach: Sag das Zauberwort und gib deinem Hund unmittelbar danach das Leckerchen. Wiederhole dies fünf bis zehn Mal.

Dadurch lernt dein Welpe, dass er bei jedem „Kiwi!" (oder dem Zauberwort deiner Wahl) ein Leckerchen bekommt. Seine Motivation, hier mitzuarbeiten, ist also sehr hoch!

Wichtig: Damit der Hund die Abläufe richtig verknüpft, spielt der Zeitraum eine große Rolle. Hört er das Zauberwort, sollte binnen der nächsten 0,5 Sekunden das Leckerchen folgen. Es ist also ein ganz enger Zeitraum, der dir zur Verfügung steht. Ein größerer Zeitraum bringt die Gefahr mit sich, dass es zu Fehlverknüpfungen kommt, da andere Reize, die dazwischen auftauchen, verknüpft werden können.

Nach dieser ersten Übung hat dein Hund beim Zauberwort ein gutes Gefühl und wird zu dir kommen, um sich das Leckerchen zu holen. Das ist aber noch kein Rückruf, die ritualisierte Handlung fehlt noch. Die kommt als Nächstes.

Schritt 2: So bringst du deinem Hund die Handlung bei

Alles, was du für diese Übung brauchst, sind Verstärker.

Verstärker sind all die Dinge, die dein Hund gerne mag, und die die Chance erhöhen, dass er ein gewünschtes Verhalten in Zukunft häufiger zeigt. Umgangssprachlich nennen wir es Belohnung. Setzen wir Belohnungen gezielt im Training ein, so nennen wir es auch Verstärker.

Das können sowohl Leckerchen sein als auch Streicheleinheiten oder ein Spiel, wenn dein Hund lieber kuschelt oder spielt und du nicht nur über Leckerchen arbeiten willst.

Die Leckerchen sind zu Beginn als Motivation gedacht und werden ausgeschlichen, sobald der Hund die Handlung beherrscht.

Was du jetzt tust: Handlung trainieren.

Halte deinem Hund das Leckerchen vor die Nase und gehe selbst einen Schritt zurück. Dein Hund wird dem Geruch folgen und damit kannst du ihn zu dir locken. Ziehe die Hand, in der du das Leckerli hältst, ein paar Zentimeter weiter nach oben, circa auf Brusthöhe - schon plumpst der Po deines Hundes auf den Boden und er sitzt in der gewünschten Haltung und darf das Leckerchen bekommen.

Wiederhole den Schritt einige Male: Heranlocken und vorsitzen. Dabei nutzt du bitte noch kein gesprochenes Signal, sondern übst nur die eigentliche Handlung.

Es ist auch derzeit völlig richtig, dass du noch keine großen Abstände trainierst, sondern dass dein kleiner Schatz nur ein bis zwei Schritte gelockt wird. Der Abstand wird später nach dem dritten Schritt trainiert.

Schritt 3: Verbinde das Signal mit der Handlung

Folgt dein Hund deiner Handlung und merkst du, dass er den Ablauf verstanden hat, kannst du das Signal für diese Handlung einführen.

Das Signal wird vor dem eigentlichen Reiz gesetzt, der die Handlung für den Hund auslöst: Mein Hund ist in unmittelbarer Nähe. Ich sage „Kiwi!“ und führe die bereits bekannte Handbewegung aus, bei der ich weiß, dass der Hund ihr zu 100 % folgen wird. Setze ein Signal, das du neu einführen willst, immer vor eine bekannte Handlung, damit es dein

Hund richtig verknüpfen kann.

Alles zusammen bedeutet das:

„Kiwi“ + in die Handlung locken = der Hund setzt sich = er wird verstärkt.

Ab jetzt heißt es: trainieren, trainieren, trainieren. Erst ohne Ablenkung, dann mit Ablenkung und dann natürlich in immer größer werdenden Abständen, damit dein Hund die Distanz zu dir lernt.

4 häufig gestellte Fragen zum Abruftraining

1. „Braucht mein Hund jedes Mal ein Leckerchen, wenn er die Übung einmal kann und beim Rückruf vor mir sitzt?”

Das ist eine spannende Frage. Der Rückruf ist eines der wichtigsten Signale und sollte an Wirkung nicht verlieren. Daher ist eine hohe Belohnungsfrequenz erfolgsversprechender, als wenn man diese komplett reduziert. Hand aufs Herz – keiner würde arbeiten gehen, wenn der Chef das Gehalt am Ende des Monats streicht.

Was du gerne tun kannst: dein Belohnungsverhalten variabel gestalten. Das bedeutet, dass der Hund am Ende nicht weiß, was er genau bekommt. Mal bekommt er ein gemeinsames Laufspiel mit dir, mal ein Leckerchen, mal mehrere und dann auch wieder etwas ganz anderes. Dadurch kann dein Hund nicht voraussagen, was er am Ende als Verstärker erhält – das macht es für ihn sehr spannend.

Überrasche ihn einfach und du wirst merken, wie motiviert er die nächsten Male herkommt. So bleibst du attraktiv, eure Spaziergänge bleiben spannend und dein Hund kann sich Stück für Stück mehr Freiheiten aufbauen, weil du die Sicherheit hast, dass er auch wirklich immer und überall zu dir zurückkommt.

Und für eine richtig gute Leistung, die dein Hund erbracht hat, kannst du es ruhig krachen lassen!

2. „Was ist, wenn der Abruf nicht 100%ig klappt? Wie gehe ich mit Rückschlägen um?"

Wenn der Abruf noch nicht zu 100 % klappt: Druck rausnehmen, entspannen. Und etwas kleinschrittiger im Training werden. Zerteile die Übung in so kleine Schritte, dass du genau erkennen kannst, was der Hund an Hilfestellung benötigt. Gib sie ihm und danach kannst du wieder großschrittiger werden.

Trainiere dort, wo es bisher gut geklappt hat. Wenn es auf Spaziergängen aufgrund von Ablenkungen nicht sicher klappt, kannst du es nochmal in Ruhe in der Küche oder im Wohnzimmer üben. Seid ihr dabei erfolgreich, baust du langsam steigende Ablenkungen ein. Vielleicht hilft dir ein kleiner Maßstab: Gelingen dir 95 % der Übungen, so kannst du die Ablenkungen erhöhen. Liegst du darunter, sollte der Hund noch Sicherheit innerhalb dieses Übungsschritts erfahren.

3. „Was mache ich, wenn mein Hund frei läuft, ich das Signal rufe und er einfach nicht kommt? Was tue ich dann?"

Am besten wäre es für deinen Hund, wenn er lernt, dass du nicht ewig auf ihn wartest.

Ich weiß, gerade wenn der Hund klein ist, macht man sich Sorgen, es könnte etwas passieren. Trainiere diese Reaktion gezielt in einem eingezäunten Bereich, zum Beispiel bei deiner Hundeschule vor Ort oder im Garten.

Bist du aber mit dem Ernstfall konfrontiert und kannst/willst nicht weggehen, dann rufe ihn nicht, sondern überlege im Vorfeld, ob dein Hund kommen würde. Wenn du dir unsicher bist oder weißt, dass er nicht auf deinen Rückruf hören wird, so rufe ihn auch nicht. Selbsterfüllende Prophezeiungen gibt es auch im Hundetraining – daher rufe bitte nicht, wenn du das Bild schon im Kopf hast, dass er nicht kommen wird. Geh stattdessen kommentarlos hin und nimm ihn locker am Geschirr mit und leine ihn an. Da du kein Signal genutzt hast, machst du auch dein Training nicht zunichte.

Psssst ... Ein interessanter Grund, warum dein Abruf nicht klappen könnte:

Beim Abruf kommt es immer auf die richtige Betonung und Stimmung an: Hundehalter neigen dazu, die Vokabel zu verändern, wenn ihr Hund nicht hört. Aus einem neutralen und kurzen „Kiwi!" wird „Kiiwwiiiiiii!", „Kiiiwiiiii, verdammt nochmal!!". Sie steigern sich immer mehr hinein, sowohl von der Vokabel als auch von der Stimmung.

Passiert dir das in Stresssituationen auch mal, kannst du leider nicht erwarten, dass dein Hund zu dir zurückkommt, denn was immer mit trainiert wird, ist eben die Betonung. Und warum sollte dein Hund zu jemandem zurückkommen, der schlechte Laune hat? ;-)

7. Training in der Welpenschule

Jetzt ist dein Hund ja schon ein paar Tage bei dir und ihr fühlt euch hoffentlich pudelwohl.

Sicherlich freust du dich über weitere Unterstützung durch Hundeschulen und Hundetrainer.

Es gilt herauszufinden: Was braucht mein Hund? Was ist richtig für ihn? Was brauche ich als Hundehalter?

Welpen brauchen **Sozialkontakte**. Sie müssen den Kontakt zu Artgenossen und anderen Hunden zur Verfügung gestellt bekommen. Nicht jeder Welpe wird mit anderen Hunden groß. Ist dein Hund ein Einzelhund, so achte auf gute und positive Kontakte mit Artgenossen. So lernt jeder Hund unterschiedliche Hundetypen und -rassen kennen und akzeptieren. Je gemischter die Gruppen, desto besser.

Daran erkennst du eine gute Welpenschule:

Gruppengröße: Die Gruppen sind nicht allzu groß. Optimal sind zwischen 5-6 Welpen, inklusive der Hundehalter natürlich. Ein Trainer sollte die Gruppe begleiten. Wird die Gruppe zu groß, besteht das Problem, dass die Welpen überfordert werden und Stressanzeichen nicht erkannt werden.

Dein Welpe fühlt sich pudelwohl: Dein Welpe sollte natürlich gerne hingehen. Schau also, wie sich dein Hund fühlt, wenn er dort ist. Wird er schnell mit den anderen Hunden, der Umgebung und der Situation warm? Es kann gut sein, dass dein Welpe zu Beginn ängstlich/unsicher ist. Gerade als Youngster in einer bestehenden Gruppe. Beobachte, wie die ersten 15-20 Minuten aussehen: Taut er auf? Sucht er Kontakt? Das wäre ein gutes Zeichen, an dem du dich orientieren kannst.

Spieleinheiten: In einer Welpenschule sollte Zeit für Spieleinheiten sein. Spielen ist nicht nur einfach spielen, sondern soziale Kommunikation, die es für den kleinen Helden zu lernen gilt.

Ein Hund sollte drei Dinge in der Hundeschule lernen:

- Er sollte lernen, mal der Unterlegene zu sein.
- Er sollte lernen, neutral und entspannt mit allen spielen zu können.
- Er sollte lernen, wie es ist, der Überlegene zu sein.

Alles das bereitet ihn gut auf sein späteres Leben vor.

In einer Welpenstunde sollte er mit anderen Welpen Kontakt aufzunehmen. Dadurch lernt er, wie er sich in verschiedenen Situationen adäquat verhalten kann. Er lernt, andere richtig zu lesen und selber richtig gelesen zu werden. Denn: Wir sind

Menschen und durch uns lernt er nur die menschliche Kommunikation kennen.

Haben die Hunde genug gespielt - meistens sind so fünf bis zehn Minuten ein guter Zeitrahmen - und sind entspannt, können sie angeleint werden und es kann mit den ersten Übungen losgehen. Sie sollten nicht über den Punkt hinaus spielen, sondern das Spiel sollte im entspannten Modus beendet werden, nicht, wenn es bereits gekippt ist.

Von Anfang an erlernt er in der Welpenschule die ersten, kleinen Übungen: „Sitz“, „Platz“, die Leinenführigkeit, Entspannungsübungen, Vertrauensübungen und auch ein Korrekturwort, um sich zu verbessern.

Jeder Hund hat sein eigenes Lerntempo

Akzeptiere die Grenzen und die Belastbarkeit deines Hundes. In der Welpenschule treffen Hunde unterschiedlichen Alters und Rasse aufeinander. Vergleiche die Hunde nicht untereinander. Jeder Hund hat seine eigene (geniale) Persönlichkeit und ist ein Unikat, genau wie du. Jeder hat sein eigenes Lerntempo und seine eigenen Qualitäten.

Hat dein Hund einen guten Tag hat, wirst du feststellen:

„Wow, wir fahren hier super Erfolge ein!”

Es ist aber völlig normal, dass das am nächsten Tag völlig anders aussehen kann. Alles das ist ganz normal. Welpen zeigen im Vergleich zu erwachsenen Hunden oft noch geringere

Leistungen. Sie sind schneller müde nach Anstrengungen und benötigen Schlaf/Ruhe.

Arbeite mit deinem Hund immer nur ein paar Minuten und gönne ihm danach eine Pause, auch wenn Welpen scheinbar voller Energie stecken. Warte nicht erst den Übermüdungspunkt ab. Dein Welpe hat dreimal ein perfektes „Sitz" abgeliefert? Wunderbar, beende es an dieser Stelle mit diesem Erfolgserlebnis für ihn. Das hält seine Motivation für das nächste Mal aufrecht und hoch – und deine auch.

Warum gute Laune die halbe Trainingsmiete ist:

Trainiere nur mit guter Laune. Du hast einen Gewinnertag? Du hast am Wochenende frei? Das Wetter ist gut? Über eine gute und entspannte Stimmung kannst du deinen Hund gut führen und ihm Sicherheit vermitteln. Durch gute Laune unterstützt du deinen Hund, da er entspannter trainieren kann und sich leichter motivieren lässt.

Stellst du fest, dass eine Übung nicht gut läuft, beende sie oder passe sie so an, dass zum Ende noch ein Erfolgserlebnis für deinen Hund folgt. Zum Beispiel mit einer kurzen Übung, die er auf jeden Fall sicher beherrscht. Dann bedanke dich mit einer Belohnung und entlasse ihn mit guter Stimmung aus dem Training.

Hast du hingegen einen schlechten Tag, so verschiebe die Trainingseinheit auf ein anderes Mal. Es ist tatsächlich sinnvoller, eine Einheit zu verschieben, als sie halbherzig oder schlecht gelaunt zu absolvieren. Du wirst merken: Allein durch die Stimmungsübertragung bekommt dein Hund mit, dass etwas nicht stimmt, und wird auch dein Training nicht so souverän wie sonst absolvieren.

8. So bleibt die Leine locker und eure Spaziergänge entspannt!

Dein kleiner Welpe ist sehr wahrscheinlich unheimlich lernfähig und auch sehr schnell und pfiffig, wenn es darum geht, etwas zu lernen und umzusetzen.

Nutze das beim Thema Leinenführigkeit.

Leinenführigkeit: Erklärung & Ziel

Oft stehen wir Trainer vor dem Problem, dass wir den Hundehaltern sehr früh vermitteln, dass sie auf eine gute Leinenführung achten sollen. Aber weil Welpen gerade die ersten Tage sowieso sehr motiviert sind, bei uns am Mann mitzulaufen, und überhaupt nicht ziehen, werden wir oft mit einem großen Fragezeichen angeguckt:

„Aber wieso? Der ist doch leinenführig. Wo ist das/dein Problem?“

Und der Fokus wird eher auf andere Sachen gelegt, die akuter scheinen.

Wir möchten dir empfehlen, dass du darauf achtest, die ersten Basics von Anfang an mit deinem Welpen umzusetzen.

Auch beim Thema Leinenführigkeit darf dein Ziel nicht fehlen. Hier könntest du formulieren, dass dein Hund von sich aus auf eine entspannte Leine während des Spaziergangs achtet. Du wirst in der Lage sein, die Leine an nur zwei Fingern locker zu halten. Die Leine hängt entspannt durch und sowohl der Hund als auch du gehen mit guter Laune spazieren. Das gelingt euch unter jeglicher Ablenkung und an allen Orten.

Was heißt es überhaupt, dass der Hund leinenführig laufen soll?

Leinenführigkeit bedeutet, dass ich mit meinen Hunden spazieren gehe und dabei das Gefühl entsteht, als sei gar keine Leine dran. Die Hunde orientieren sich an mir und der Laufrichtung. Sie haben selbst ein Interesse daran, dass sie der Gruppe und nicht einer Leine folgen. Das macht emotional für alle einen großen Unterschied.

Ein Hundehalter hat drei Parameter, die für eine gute Leinenführigkeit sprechen:

- Position, in der sich der Hund während des Laufens aufhält
- Leinenradius
- Orientierung am Hundehalter

Alle Punkte sollten Beachtung finden. Um dein Ziel visualisieren zu können, kannst du eine Position festlegen. Überlege, wo dein Hund laufen soll, wenn ihr unterwegs seid. Kann er einen 360°-Radius nutzen? Soll er links oder rechts von dir laufen? Vor oder hinter dir? Mischungen aus allem? Es gibt kein richtig oder falsch, sondern die Antwort richtet sich danach, womit ihr euch als Team während des Spaziergangs wohlfühlt.

Stell dir wirklich visuell vor, wie für dich der optimale Spaziergang aussieht. Und bring ruhig Ablenkung mit rein. Dein Hund läuft nämlich meistens ganz toll an der Leine, wenn keine Ablenkung dabei ist.

Plane auch ein, wie lang die Leine sein wird. Mit wie viel Platz zwischen dir und deinem Welpen fühlst du dich wohl? Probiere ruhig unterschiedliche Längen aus, bevor du ein Ziel definierst.

Attraktiv ist es für viele Hundehalter, wenn sich der Hund an ihnen orientiert. Es sind immer Momente, in denen sich ein Hundehalter freut, wenn sich der Hund bei seinem Halter rückversichert, etwa, wenn ihm ein anderer Hund entgegenkommt.

Baue diese drei Schwerpunkte in dein Feinziel ein, sobald du es definierst.

3 Kniffe: Leinenführigkeit, was soll ich tun? Körperhaltung, „Arbeitskleidung" und Konsequenz

Nun hast du an dieser Stelle schon einige Tipps bekommen,

die du umsetzen kannst. Doch selbstverständlich zeigen sich immer noch individuell eine Menge an Möglichkeiten, die du tun kannst. Das müsstest du aber „live" mit einem Hundetrainer oder in einem aktiven Onlinekurs umsetzen, in welchem du Fragen stellen und euch als Team vorstellen kannst.

Anbei folgen aber noch ein paar To-dos, die dir das Leben auf jeden Fall erleichtern werden.

- Gehe aufrecht und zielorientiert. Zeige deinem Welpen bereits durch deine Körpersprache, dass du einen Plan von dem hast, was du tust. Gehe aufrecht, schaue auf ein Ziel, das du erreichen willst, das in Laufrichtung liegt.

- Lächle beim Spaziergang und nimm auch wahr, wie schön dein Umfeld ist. Verkrampfe dich nicht auf die Leinenführung, sondern baue diese entspannt in deinen geplanten Spaziergang ein.

- Gehe in deinem Tempo, dein Welpe wird sich anpassen (Achtung: Wähle in den ersten Tagen ein Tempo, das der Hund auch körperlich durchhalten kann.)

- Zeige einen Leinenradius auf, der sich nicht verändert. Suche dir dazu einen Fixpunkt mit der Hand, in der du die Leine hältst, und positioniere sie dort. Greife nicht nach, sondern achte darauf, dass die Leine entspannt in einer Länge hängenbleibt. Ich halte die Leine immer an den Bauch auf Höhe des Nabels. Es geht aber auch an der Brust oder entsprechend an der Hose mit den Fingern in der Tasche.

Ein Fixpunkt bringt viele Vorteile mit sich: Einer ist, dass du früh und immer zur gleichen Zeit merkst, wenn dein Hund zu ziehen beginnt. Die Leine geht auf Spannung und du merkst dies an deinem Fixpunkt sehr schnell. Übrigens: Wenn du die Leine nur mit zwei Fingern hältst, wirst du es noch eher merken, als wenn du die Leine in einer Faust geschlossen hältst.

Es bleibt dabei, wie weiter oben schon erklärt, dass du deinen Hund für gewünschtes Verhalten an der Leine verstärkst. Gib ihm die Orientierung, dass er durch Tun und Ausprobieren lernen kann, welches Verhalten erwünscht ist. Das sollte mindestens zu 80 % der Fall sein. Wir beginnen also ein Training niemals, wenn der Hund gerade dabei ist, zu ziehen, sondern er bekommt die Chance, alles richtig zu machen. Das fokussiert auch dich auf die guten Dinge, die dir dein Hund anbietet.

Lege den Fokus also auf die Orientierung und eine durchhängende Leine und bestätige dies.

Sprintet der kleine Welpe jedoch in die Leine, weil er gerade einen wichtigen Termin hat, so bleibe unmittelbar stehen. Hast du ein gutes Timing (das bedeutet, du bleibst ab Beginn der Leinenspannung stehen), so wird er schnell merken, dass er durch Zug nicht weiterkommt. Allerdings sollte er ein wenig mithelfen. Stehenzubleiben und trotz gespannter Leine nach einiger Zeit weiterzugehen, ist nicht sinnvoll, so lernt er nur, dass du das Stehenbleiben gleich eh beendest und er nur warten muss. Ein Bezug zur gespannten Leine fehlt.

Das wiederum vermittelst du, wenn du beim Stehen darauf wartest, dass der Hund die Leine von sich aus entspannt. Meistens reicht es, dass der Welpe sich umdreht. Erst dann geht es weiter.

Es gibt noch jede Menge anderer Übungen und Optionen der Einwirkung. Diese können durch Technik, durch Mentaltraining, Körpersprache, analoge Kommunikation usw. eingesetzt werden. Es gibt zig Kombinationen. Hier geht es erst einmal um eine Basis und die einfache Mitteilung für den Hund, wann und wie sich Laufen für ihn lohnt.

Jetzt fragst du dich bestimmt:
„Dann bin ich aber mit beständigem Stop-and-Go beschäftigt und dieser gesamte Spaziergang zieht sich einfach unwahrscheinlich lang."

Ja, aber dafür gibt es an dieser Stelle einen kleinen Trick: Damit ich nicht über eine Stunde lang in dieses Stop-and-Go komme, teile ich mir mein Training ein. Dafür musst du ein zweites Halsband oder Geschirr besorgen.

Normalerweise hat dein Hund beim Spaziergang vielleicht ein Geschirr an. Das ist ein ganz normales Geschirr und das kennt er. Gleichzeitig bekommt er jetzt aber noch ein „Arbeitshalsband" oder „Arbeitsgeschirr“ um.

Und so geht es: Zuerst befestigst du die Leine am normalen Geschirr, wenn du das Haus verlässt. Das kennt dein Hund schon und daran hat er sich gewöhnt. Vielleicht hat er auch schon gelernt, daran zu ziehen.

Der Hund kann sich lösen, es ist alles wunderbar. Möchtest du mit den ersten Trainingsschritten, wie oben beschrieben, trainieren, klickst du die Leine um - und zwar vom Geschirr- an das Arbeitsmaterial.

Lasse Halsband und Geschirr ruhig zeitgleich am Hund. Dann musst du den Hund während des Spaziergangs nicht immer neu anziehen. Dein Welpe lernt schnell, wann er sich im Arbeitsmodus befindet und du konsequent das Training umsetzt oder wann er sich im Freizeitmodus befindet.

Der Hund wird lernen:

„Aha! Wenn ich das Halsband um habe, dann lohnt es sich überhaupt nicht, zu ziehen, weil da Frauchen konsequent ist und ich nicht weiterkomme."

Vier Minuten Training reichen zu Beginn völlig aus. Du wirst merken, dass dies leicht klingt, aber auch eine ständige Konzentration von dir fordert. Läuft der Hund vier Minuten lang zu 98 % leinenführig, verlängerst du deine Zeiteinheiten und klickst mit der Leine wieder an das Material des Freizeitmodus an. Irgendwann wird der gesamte Spaziergang leinenführig sein.

Das Tolle ist, dass der Hund, auch wenn er möglicherweise an der Leine im Freizeitmodus zieht, deine Konsequenz im Arbeitsmodus nicht zunichtemacht. Deine Bemühungen werden also belohnt, was ohne den Wechsel nicht so einfach möglich wäre.

Dein Training klappt bei den ganzen Außenreizen noch nicht?

Stellst du fest, dass der Hund einigen Reizen nicht widerstehen kann und trotz deines Trainings auch im Training noch Vollgas gibt, minimiere die Reize. Sie scheinen zu spannend zu sein, als dass er sich auf deine Infos konzentrieren könnte.

Kommt dein Hund gar nicht auf die Idee, worum es gehen könnte, gib ihm ein kleines Zeichen, ein aufmunterndes Schnalzen, damit er sich neugierig zu dir umdreht, um zu gucken, was du da machst.

Grundsätzlich gilt: Jeder Einfluss ist ein Reiz für deinen Hund. Männer, Frauen, Kinder, Dreiräder, Gegenstände, laute Motorengeräusche, umherfliegende Vögel, denen man lustig hinterher hüpfen kann - alles das ist wahnsinnig attraktiv für deinen Welpen. Sei also nicht enttäuscht, wenn das Training nicht gleich überall funktioniert.

9. Anspringen:
Erste Anzeichen und was du dagegen tun kannst

Sicherlich kommt dein Welpe das eine oder andere Mal aufgeregt zu dir und springt dich an. Er versucht, seine Welt zu erkunden, und manchmal muss man dafür eben weiter nach oben kommen und sich recken. Wird das Verhalten dann noch bestätigt, kann es sich zukünftig festigen. Viele Hunde springen gerne andere Menschen an.

Später, wenn er mehr wiegt und Kraft hat, verändert sich dies zu einem für den Hundehalter oft unerwünschten Verhalten. Schau dir Plan B an, wie du es schaffst, dass dein Hund gerne mit vier Pfoten auf dem Boden bleibt.

Warum springen Hunde überhaupt an? Ganz einfach: Sie haben Spaß daran. Es ist ein selbstbelohnendes und gleichzeitig verstärkendes Verhalten; selbst, wenn wir den Hund herunterschicken und sagen, dass er aufhören soll, freut er sich oft noch über unsere Aufmerksamkeit.

Ignorieren hilft an dieser Stelle nicht, da es sich um ein selbstbelohnendes Verhalten handelt. Dies lässt sich nie durch Ignorieren verändern.

Wie kannst du nun reagieren? Erkenne den Punkt, bevor dein Hund hochspringt. Hier gibst du ihm ein Alternativverhalten, wie etwa ein „Sitz“, oder du rufst ihn zu dir. Gefahr gebannt und taktisch clever. Würdest du erst intervenieren, wenn er schon hochgesprungen ist, so wird er lernen, dass er erst springen muss und er dadurch deine Aufmerksamkeit bekommt. So würdest du ihm eine Handlungskette antrainieren, die dazu führt, dass er zukünftig noch mehr anspringen wird. Nutze also die Gunst der Stunde und bring ihn schon vor dem Springen auf andere Gedanken.

10. Hund-Mensch-Kommunikation und die Sinne des Hundes

Für eine gut funktionierende Beziehung ist es wichtig, zu verstehen, wie dein Hund mit dir und seiner Umwelt kommuniziert. Das kann beispielsweise erklären, warum er gerade nicht hört und ob ein Missverständnis vorliegt.

So nutzt dein Welpe seinen Tastsinn

Dein Welpe stupst dich scheinbar zufällig an. Und was tust du? Natürlich greifst du intuitiv hin und streichelst ihn. Diese Berührungen vonseiten deines Hundes sind keinesfalls zufällig, sondern er nimmt Kontakt zu dir auf. Er möchte sich seine Streicheleinheiten von dir abholen. Er lernt seinen Körper einzusetzen - durch seine Haut, sein Fell, durch Berührungen.

Wenn du mit der Zeit die Lieblingsstellen deines Hundes ausgemacht hast und weißt, wo er am liebsten gestreichelt wird, so nutze diese Stellen. Dein Hund fühlt sich dann sehr wohl und entspannt sich schneller, wenn er die Streicheleinheiten bekommt, die er braucht.

Wie wir Menschen haben auch Hunde eine sogenannte Individualdistanz. Der Hund lässt andere Hunde und Menschen je nach Sympathie und Antipathie, je nach Status, je nachdem, wie sie sich gerade einsortieren, in seinen Tanzbereich hinein.

Das ist wie bei uns: Nette Menschen lassen wir einfach näher - auch emotional näher - an uns heran, als Menschen, die wir nicht mögen, und dieses Recht hat letztendlich jedes Lebewesen genauso – also auch jeder Hund.

Der Hund und sein akustischer Sinn

Vielleicht hast du es schon mal beobachtet: Meistens, wenn die Kühlschranktür aufgeht, ist der Hund mit seiner ganzen Aufmerksamkeit da. Die Ohren sind nach vorne gestellt und er hört aufmerksam zu. Die Tür könnte schließlich für ihn geöffnet worden sein.

Ein Hund macht immer eine Kosten-Nutzen-Analyse. Das heißt: Wenn er entspannt liegt und ein Geräusch hört, kann es gut sein, dass er erst mal nur ein Ohr aufstellt, dann ortet und hört, ob es wichtig für ihn ist. Wenn es wichtig ist, sind beide Ohren sehr schnell im Rennen und der gesamte Körper zieht auf jeden Fall nach.

Der Hund sortiert so an dieser Stelle für sich: **„Ist es jetzt attraktiv für mich, aufzustehen, oder nicht?“**

Der Geruchssinn des Hundes

Da lassen uns unsere Hunde ganz schön im Regen stehen: Sie haben einen Geruchssinn, der unglaublich ist. Eigentlich haben sie sogar zwei!

Der eine ist das sogenannte Jacobsonsche Organ. Das befindet sich im Gaumen und ist von Geburt an ausgebildet und einsetzbar. Darüber nimmt der Hund Stoffe und Gerüche auf, die für sein primäres Überleben wichtig sind. Das heißt: Pheromone, Hormone, Futter, Nahrung. Alles eben, was er zum Überleben braucht.

Die Nase selbst braucht nach der Geburt etwas länger, bis sie ihre Fähigkeiten voll entfaltet hat. Sie nimmt noch weitere Gerüche auf und speichert diese. Es ist enorm, zu welcher Leistung ein ausgewachsener Hund in der Lage ist, immerhin hat er eine Atemfrequenz von 10-30 Atemzügen pro Minute.

Achtung: Ein Welpe zeigt mehr Atemzüge pro Minute als du. Das ist normal, mach dir bitte keine Sorgen.

Ist dein Hund im Dienst, wenn er Schnüffelarbeit macht oder wenn er einer ganz wichtigen Spur folgt, schafft er sogar bis zu 300 Atemzüge pro Minute. Es ist unglaublich, zu welcher Leistung Welpen in der Lage sind.

Außerdem kann er mit seiner Nase auch Gerüche speichern. Du kennst sicherlich das Phänomen: Du besuchst jemanden, die Tür geht auf und es kommt dir erst mal der Eigengeruch der Familie entgegen. Der ist aber nach ein paar Sekunden weg, wir können diesen Geruch nicht bewusst festhalten.

Ein Hund kann das, denn er kann das Atmen kurz aussetzen und diesen Geruch wieder aufnehmen. Das ist unheimlich wichtig und erklärt, warum er einem Reh folgen oder eine läufige Hündin bis auf 10 km riechen kann.

Sehsinn: So sieht dein Hund die Welt

Der Hund kann nicht so gut sehen wie wir Menschen. Braucht er aber auch nicht, weil er durch seine Nase eigentlich einen prima Ersatz hat.

Momentan geht man von folgender Farbgebung aus: Blau- und Gelbtöne können Hunde am besten erkennen. Und auch ein paar Rottöne können sie wahrnehmen. Schwierig wird es jedoch, wenn du einen roten Ball auf eine grüne Wiese legst - da findet dein Hund den Ball maximal durch den Geruch, aber nicht über die Farben selbst, weil die für ihn an dieser Stelle identisch sind und nicht hervorstechen.

Er sieht es jedoch, wenn sich der Ball bewegt, und kann ihm so folgen. Er braucht die Bewegung, um letztendlich auch das Bild zu schärfen.

Hund-Mensch-Kommunikation

Halte dir immer vor Augen: Menschen kommunizieren überwiegend digital (wir lesen und schreiben) und Hunde analog (über Berührung, Akustik, Optik, olfaktorisch, also eher gefühlsbetont). Hier prallen zwei Welten aufeinander.

Stell dir dazu einmal Folgendes vor: Dein Welpe sitzt vor dir, dein Telefon klingelt, du guckst auf dein Handy, bekommst eine SMS und regst dich fürchterlich auf und kriegst schlechte Laune.

Für den Hund ist das an dieser Stelle nicht nachvollziehbar.

Was er sieht: Es piept, Frauchen oder Herrchen guckt in die Zauberkiste und verändert daraufhin ihre oder seine Stimmung. Das ist für ihn inhaltlich nicht erklärbar.

Diese Feinheiten sind wichtig, um zu verstehen, wie du deinen Hund in eurer Kommunikation richtig unterstützen kannst. So kannst du auch in stressigen Situationen fair bleiben. Denn es ist so, dass in den meisten Fällen der Hund gar nicht nicht will, sondern einfach nicht kann.

Umgekehrt wird es Situationen geben, in denen du deinen Hund nicht mehr verstehst. Was dir helfen wird, ist, deinen Hund immer genau zu beobachten und je nach Situation zu prüfen, wie es ihm geht. Das schult dich ungemein, um später Konflikten aus dem Weg zu gehen. Wenn du deinen Hund lesen und analysieren kannst, ist es für euch beide leichter, gemeinsam stressfrei durch den Alltag zu kommen.

11. Welpe allein Zuhaus:
So entspannt dein Welpe, wenn du mal nicht da bist

Nicht jeder hat den Luxus oder die Zeit, immer für den Hund da sein zu können. Deshalb sollte der Welpe von klein auf lernen, dass es Phasen gibt, wo er einfach alleine zu Hause entspannen darf.

Das sollte er mit einer guten Stimmung machen. Wir dürfen nicht einfach gehen - und das über mehrere Stunden hinweg. Sondern es ist eine gute Gewöhnung wichtig, um dem Hund auch in Zeiten unserer Abwesenheit Sicherheit vermitteln zu können.

Damit dies nicht ganz so schwer wird, empfehle ich dir Übungen, die im Alltag simpel umzusetzen sind. Damit kannst du gerne schon ab dem dritten Tag nach Übernahme vom Züchter anfangen, wenn sich dein Hund entspannt bei dir zu Hause eingelebt hat.

Schritt 1: Ganz selbstverständlich den Raum verlassen

Der erste Schritt fängt bei dir an: Wenn du deinen Welpen alleine lässt, musst du das Ganze total selbstverständlich für ihn und dich gestalten.

Vermittle ihm mit absoluter Selbstverständlichkeit:

„Du bleibst jetzt ohne mich hier und kannst dich entspannen."

Diese Stimmung nimmt dein Hund wohlwollend wahr. Gehe gelassen an die ganze Sache ran. Die ersten Übungen verlaufen sehr unspektakulär. Geh mehrfach am Tag aus dem Zimmer und schenk deinem Welpen dabei keine große Aufmerksamkeit. Beobachte, wie er sich verhält. Springt dein Welpe auf? Läuft er dir hinterher? Hat er Angst?

Starte mit der ersten Übung am besten, wenn der Hund gerade müde ist, etwa nach der Hundeschule oder nach einem Spaziergang. Seine Motivation, dir hinterherzulaufen, ist dann geringer.

Wenn du wiederkommst: Beachte deinen Welpen nicht übermäßig. Setze dich zum Beispiel an den Tisch, blättere in der Zeitung und tu so, als sei dein Hund gar nicht da.

Achtung, dabei wird nicht der Hund selbst ignoriert und dies ist keine Strafe. Du verlagerst nur deinen Fokus auf alltägliche Dinge. So bekommt der Hund die Info, dass du wieder da bist, du gelassen bist, aber zudem deine Wiederkehr keine Aufforderung zu einer Wiedersehensparty ist.

Im Laufe des Tages kannst du das ein paar Mal wiederholen. Am besten auch in verschiedenen Räumen, damit dein Welpe nicht nur auf einen Raum konditioniert wird.

Nach zwei Tagen verlängerst du die Zeiträume, in denen du

den Raum verlässt. Statt 20 Sekunden bleibst du beispielsweise 40 Sekunden weg. Höre auf dein Bauchgefühl. Trainiere nur, wenn dein Hund entspannt ist.

Schritt 2: Haustür mit anderen Ritualen verbinden

Mit Schritt zwei beginnst du nach weiteren drei Tagen: Öffne und schließe die Haustür. Das ist für deinen Hund ein besonderer Reiz, weil er die Haustür schon mit Spaziergängen verknüpft hat.

Starte ein kleines Spielchen: Tür auf, Tür zu, Tür auf, Tür zu, ohne den Hund dabei zu beachten. Und teilweise auch, ohne selbst rauszugehen, damit dieses Geräusch nicht mehr so wichtig ist beziehungsweise sich dein Hund nicht darauf verlassen kann, dass du immer weggehst, wenn du die Tür öffnest.

Dieses Ritual kannst du erweitern, indem du mal die Jacke an- und wieder ausziehst oder den Schlüssel hochhebst und hinlegst, damit auch das für den Hund immer mehr an Bedeutungslosigkeit gewinnt.

Schritt 3: Selbstverständlich das Haus verlassen

Wenn du die ersten beiden Schritte gut geübt hast, kannst du als Nächstes auch durch die Haustür rausgehen, die Tür zuziehen und das Treppenhaus runterlaufen oder zum Briefkasten gehen und wieder zurückkommen. Und denk dran: Auch hier tust du alles ganz selbstverständlich.

Liebe Welpenmama, lieber Welpenpapa!

Das Buch, das du gerade in Händen hältst, ist nur der Anfang.

Denn ich habe - als Ergänzung zu diesem Buch - einen kompletten Videokurs zum Thema "Training mit Welpen" erstellt. Den musst du dir unbedingt mal anschauen!

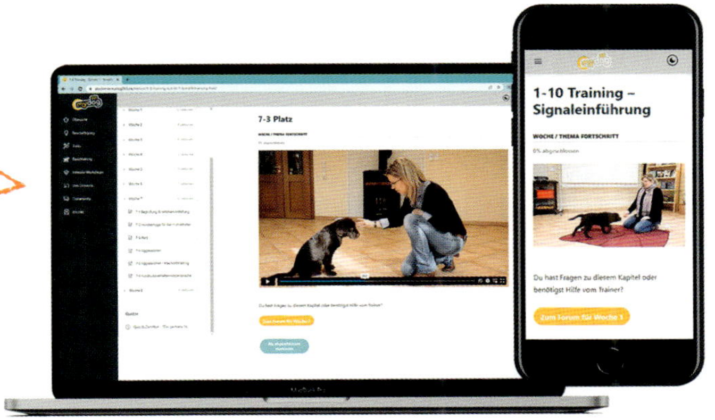

Darin habe ich alle wichtigen Themen aus diesem Buch nochmal mit verschiedenen Welpen abgefilmt.

Dann kannst du dir die verschiedenen Trainings aus diesem Buch direkt in der praktischen Umsetzung ansehen.

Der Onlinekurs ist echt toll geworden, finde ich. Mein ganzes Herzblut habe ich dort hineingesteckt! Damit du einen perfekten Start mit deinem Welpen hinlegen kannst und für alle Situationen gerüstet bist.

Und als Dankeschön, dass du dieses Buch gekauft hast, möchte ich dir einen 50€-Gutschein für diesen Welpenkurs schenken.

Benutze dazu einfach diesen Code: `welpe50`

Alle Infos findest du hier: **www.mydog365.de/welpenkurs**

Außerdem gibt es zu diesem Kurs ein Frage- und Antwort-Forum, wo ich dir gemeinsam mit meinem Trainer-Team jeden Tag alle deine Fragen rund um das Thema Welpentraining beantworte.

Die Mitglieder tauschen sich auch untereinander aus. Es wartet dort also eine ganz tolle Community auf dich.

Willst du mal reinschnuppern? Hier bekommst du noch mehr Infos zum Online-Welpenkurs:

www.mydog365.de/welpenkurs

Deine Tina

12. „Sitz!"

So gelingt das Signal immer & überall

„Sitz" ist eine Übung, die man sehr schnell und sehr gerne zu Beginn trainiert. Sie macht einfach unheimlich viel Spaß und ist total leicht. Schnelle Erfolge sind vorprogrammiert.

„Eigentlich kann er´s, aber …"

Wenn ich meine Welpen- und Hundehalter frage, ob ihr Hund „Sitz" kann, gucken sie mich immer böse an, weil: Natürlich kann er das! …

… außer, wenn er von Fahrradfahrern abgelenkt wird oder von Joggern oder wenn ein anderer Hund in der Nähe ist oder, oder, oder …

Mit dem Training, das ich dir in diesem Kapitel erläutern werde, klappt es definitiv unter allen Umständen.

Je mehr du deinen Hund kontrollieren und führen kannst, desto leichter wird euer Alltag. Ein „Sitz" ist tatsächlich ganz schnell beigebracht. Das Auflösen dauert allerdings meistens schon ein bisschen länger und einige Hundehalter trainieren es gar nicht mit. Aber es macht Sinn, dass die Übung nicht dadurch abgeschlossen ist, dass der Hund sitzt, sondern dass er lernt, so lange sitzen zu bleiben, bis du ihn wieder auflöst – und das unter jeglicher Ablenkung. Trainiere das Signal „Sitz" immer mit einem Auflösesignal, damit der Hund auch länger in der Position fixiert bleiben kann.

Als Auflösesignal wird gerne „Okay” genommen, aber ich empfehle dir, lieber ein anderes zu nehmen, das nicht in so vielen anderen Kontexten genutzt wird. Dein Hund wird im Alltag regelmäßig das Wort „Okay“ hören und es kann sein, dass er es fehlverknüpft. Zum Auflösen funktionieren die Signale „Lauf” oder „Frei” sehr gut. Ein Training, das dir den Alltag erleichtert, weil es mehr Freiheit für dich und deinen Hund bedeutet.

Zur Hilfestellung suche dir einen Verstärker, von dem dein Hund begeistert ist und sich gut motivieren lässt.

Deine Zieldefinition sollte positiv sein: Was genau soll dein Hund machen? Wie soll er das Sitz ausführen? Hier kommt es auf die Feinheiten an. Überleg genau, wie er konkret sitzen soll. Es gibt Hunde, die setzen sich hin, und irgendwann rutscht der Popo plötzlich ins Platz und der Hund lernt, dass das auch in Ordnung ist, weil es nicht optimiert wird.

„Sitz” ist eine gute Übung, um stressige Situationen zu entschärfen. Stell dir vor: Ihr geht spazieren und der Erzfeind deines Hundes kommt euch entgegen und macht einen Riesen-Radau. „Sitz” hilft deinem Hund. Es ist eine alternative Handlung, die er ausführen kann, statt nach vorne in die Leine zu springen, und das beruhigt ihn. Und es lenkt ihn von seinem Erzfeind ab, der dann vorbeigehen kann. Wer sitzt, kann nicht angreifen. Wenn er so lange sitzt und dabei entspannt ist, bis du ihn auflöst (das ist häufig der Fall, wenn der Hund die Übung sicher beherrscht), werden solche Situationen in Zukunft kein Problem mehr für dich und deinen Hund darstellen.

Der Hund soll bei dem Signal „Sitz“ Folgendes tun: Er soll sich immer und überall hinsetzen, sobald er das Signal hört. An allen Orten und unter jeder Ablenkung. Das ist sinnvoll, um den Hund eben in Kontexten mit starker Ablenkung zu lenken, zu seinem Schutz und zum Schutz anderer Hunde oder Menschen. Immer, wenn dein Signal „Sitz“ ertönt, soll er sich hinsetzen, und zwar dort, wo er es hört. Das bedeutet, wenn er 400 Meter weit entfernt ist und du „Sitz“ sagst, dann möchtest du, dass er das an der Stelle macht.

Schritt 1: Bring deinem Hund die Handlung bei

Docke das Leckerchen an die Nase deines Hundes und führe es langsam über seinen Kopf. Was reflexartig passiert:

Dein Hund folgt dem Leckerchen und setzt sich automatisch hin. Sobald sein Po auf dem Boden ist, bekommt er das Leckerchen als Belohnung. Das kannst du erst mal ein paar Tage trainieren.

Schritt 2: Signal einführen

Wenn das locker läuft, kannst du das Signal einführen. Das bedeutet: Du sagst „Sitz“ und lockst ihn dann in die gewünschte Position wie unter Schritt 1 beschrieben. Auch hier gilt, das unbekannte Signal kommt vor dem bekannten Signal.

Die Leckerchen zum Locken in die Positionen werden ausgeschlichen, sobald der Hund die Handlungsabfolge verstanden hat.

Schritt 3: “Sitz” auflösen

Auch das Auflösen aus einer Position sollte trainiert werden. Dies geschieht im exakten Rhythmus. Erst wird die Handlung geübt und anschließend das Signal vor den Handlungsauslöser gesetzt. Sitzt der Welpe brav vor dir, würdest du ihn aus der Position locken. Oft reicht eine Armbewegung, die ihn einlädt, mitzukommen. Wiederhole dies einige Male, sodass du (und er) weißt/wisst, dass er auf die Handbewegung sicher reagiert und aufsteht. Diese ist also dein Handlungsauslöser. Unmittelbar davor kannst du das Signal einführen. Bestätige ihn für das Verhalten.

Deinem Hund tut es tatsächlich sehr gut, wenn er nicht nur ein Hinsetzen lernt, sondern die Übung sich von einem Hinsetzen in ein Sitzenbleiben verlängert, und zwar so lange, bis du ihn wieder auflöst.

Was passieren kann, wenn ein Auflösesignal richtig antrainiert wird.

Eine kleine Anekdote

Ich hatte meine alte Hündin Wummi zu Hause. Sie hieß so, weil sie immer wie ein Flummi durch die Gegend gehüpft ist.

An einem Tag kam ich mit vollgepackten Tüten vom Einkaufen und war extrem spät dran. Ich schloss schnell die Tür auf. Wummi kam mir freudestrahlend entgegen und ich sagte nur:

„Wummi, Sitz!", um ihr mitzuteilen, dass sie sich entspannen kann.

Dann drückte ich meinem Mann Jörg die Einkaufstaschen in die Hand, machte quasi auf dem Absatz kehrt und fuhr auf den Hundeplatz.

10 Minuten später rief Jörg mich an:

„Tina, du musst wiederkommen. Wummi sitzt immer noch hier und lässt sich einfach nicht auflösen ..."

Was war passiert? Wummi hatte mein „Sitz" artig befolgt und wohl gedacht:

„Ah, das kenne ich! Das ist bestimmt wieder eine dieser witzigen Trainingseinheiten. Ich mache Sitz, sitze wie eine Eins und egal, was passiert: Ich bleibe sitzen! Weil, wenn ich einen Frühstart hinlege, werde ich ja korrigiert ... Darauf falle ich nicht rein!"

Mir persönlich war es wichtig gewesen, mit Wummi das „Sitz" konsequent zu trainieren, da sie als kleiner Jagdhund natürlich draußen ihre Freiheiten brauchte. Dafür musste sie aber eben auch 1A hören. Deshalb habe ich sehr fleißig mit ihr trainiert, sodass sie gerne und sicher saß, wenn ich das sagte.

Das bedeutete nun aber, dass ich tatsächlich umdrehen und Wummi auflösen musste. Sie hat dafür natürlich eine riesige Belohnung bekommen, weil sie das so toll gemacht hat und einfach entspannt sitzen geblieben ist. Sie stand dabei nicht unter Strom oder Stress. Wenn es richtig trainiert ist, gibt es Hunden einfach viel Sicherheit und das Happy End ist für den Hund absehbar. Sie weiß, dass sie aufgelöst wird.

13. Beißhemmung:
So unterstützt du deinen Hund bei diesem wichtigen Lernprozess

Am Anfang probiert dein Welpe noch fleißig aus, was passiert, wenn er sich in deinem Arm oder deinen Füßen festbeißt. Gerade für Kinder ist das allerdings oft schmerzvoll und beängstigend.

Aber was hat es mit diesem Beißen auf sich? Ist der Hund gefährlich oder was tut er überhaupt?

Als ich 9 war und meinen ersten Hund hatte - Oskar hieß er -, habe ich gedacht, dass er gefährlich sei. Er hat nämlich ordentlich seine Zähne eingesetzt und ich war so enttäuscht, weil er, in meinen Augen, „einfach so drauflosgebissen hat". Das hat er natürlich nicht.

Heute weiß ich, dass das die sogenannte Beißhemmung ist, die der Hund erlernen muss. Das ist nichts Aggressives und nichts Gefährliches, eher etwas sehr Notwendiges für den Hund. Es dient der Kommunikation. Für ihn ist es wichtig, zu wissen: Wie weit kann er sein Gebiss einsetzen? Wie viele Fähigkeiten hat er damit? Und wie setzt er es ein, damit er letztendlich Verletzung vermeidet?

Der Hund guckt, welche Wirkung es auf ihn hat, und das ist ein ganz wichtiger Lernprozess, der in den ersten Monaten stattfinden muss. Er kann das später mit seinem ausgewachsenen Gebiss nicht mehr nachholen, sodass diese Phase in der Welpenzeit ganz wichtig ist, aber du kannst ihn dabei unterstützen.

Der Hund lernt, dass diese Grenzen nicht nur unter Artgenossen gelten, sondern auch gegenüber Menschen. Sonst lernt er: Nur Artgenossen haben eine Schmerzgrenze, Menschen wohl nicht. Da kann ich gemütlich weitermachen.

Wie gehst du am besten damit um?

Das beste Training findet aus dem Spielen heraus statt, weil der Hund da richtig gute Laune hat. Sehr wahrscheinlich wird er seine Zähne zum Einsatz bringen. Das heißt, er wird zupacken und just in dem Moment, und hier ist wieder dein gutes Timing gefragt, stehst du auf und gehst weg. Durch das Beenden der spaßigen Situation, was ja unmittelbar dann stattfindet, wenn der Hund mit seinen spitzen Milchzähnen zubeißt, stellt er fest, dass dies die Folge seines Zahneinsatzes ist.

Dein Welpe lernt: Er muss seine Zähne dosiert einsetzen, etwa zum Halten oder Tragen von etwas, aber nicht zum Zubeißen.

Wenn du die Trainingseinheiten so gestaltest, dann geht es relativ schnell.

Nach kurzer Zeit kommst du wieder und spielst weiter und wiederholst den Ablauf, wenn er noch mal zuschnappt.

Dein Hund sieht: Es gibt Regeln, die ihr gemeinsam aufstellt, und Zubeißen unterliegt der Regel, dass danach das Spiel beendet wird.

Je schneller, je eher und je konsequenter der Hund den Ablauf lernt, desto besser. Es kann ca. 3 - 4 Wochen dauern, bis der Hund die Beißhemmung erlernt hat und er verstanden hat, dass Zubeißen nicht funktioniert. Je konsequenter alle sind, umso besser.

14. Stress erkennen und lenken

Stress gehört zu unserem Lebensalltag dazu und meistens beinhaltet Stress für uns eine emotional negative Komponente. Für den Hund (wie für uns Menschen auch) ist es überlebensnotwendig, dass sein Körper richtig mit Stress umgehen kann. Stress ist nämlich letztlich dazu da, den Ursprungszustand wiederherzustellen, und er sorgt dafür, dass es unserem Körper wieder gut geht.
Wir müssen hier aber zwischen akutem und chronischem Stress unterscheiden. Akuter Stress ist gesund, denn das heißt, dass sich unser Körper normal regulieren kann. Du kennst das: Einmal hochfahren und reagieren und in der Folge entspannt der Körper. Schwierig wird es jedoch, wenn der Stress chronisch und dauerhaft wird. Das wird ungesund – für Mensch und Hund.

Daran erkennst du, dass dein Hund gerade akuten Stress hat:

- Die sogenannte Spontanschuppung: Dein Hund verliert plötzlich wahnsinnig viele Haare und Schuppen.
- Dein Hund muss besonders oft seine Blase leeren.
- Dein Hund bekommt Durchfall.

- Dein Hund hechelt besonders intensiv.
- Dein Hund kratzt sich mehr als sonst.
- Das sogenannte „Aufreiten" als Übersprungshandlung
- Dein Hund übergibt sich.

Durchfall als Reaktion ist ein Klassiker. Dein Hund verträgt das Hundefutter normalerweise optimal? Dann hat der Durchfall also an dieser Stelle nichts damit zu tun, sondern ist auf die stressige Situation zurückzuführen.

Das Aufreiten hat nichts mit einem Dominanzverhalten oder einem übererregten Sexualverhalten zu tun, sondern es ist eine sogenannte Übersprungshandlung. Eine Übersprungshandlung ist eine von vier Möglichkeiten, auf Stress zu reagieren.

Die vier Fs: Typische Taktiken, um Stress zu kompensieren

Durch die 4 Fs kompensiert der Körper Stress. Ich stelle dir die Möglichkeiten vor, die Lebewesen haben, um ihrem Ziel näher zu kommen, den Köper wieder zu entspannen.

Flight

Flucht ist ein gängiges Mittel, um einen Konflikt zu umgehen. Dies gelingt aber nur, wenn man Optionen zur Flucht hat. An der Leine wird das für Hunde oft schwierig. Typischerweise muss der Hund bei Stress folglich eine andere Taktik einsetzen und es kann zum Beispiel zu einer Leinenaggressionen kommen.

Fight

Ein Hund, der gelernt hat, dass Angriff die beste Verteidigung ist, reagiert bei Stress häufig mit einer aggressiven Antwort auf den Stressor. Ein Hund wählt gerne die Strategie, die ihn nach seinen Erfahrungen sicher zum Erfolg geführt hat.
Eine interessante Beobachtung: Viele Hundehalter berichten mir, dass ihr Hund an der Leine ein riesiges Tamtam veranstaltet und auf andere Hunde losgeht. Ist er jedoch ohne Leine unterwegs und begegnet anderen Hunden, passiert das nicht. Hier kann es gut sein, dass er bei seinen „Gegnern" mit seiner Individualdistanz arbeiten kann und bewusst mit Vermeidungsverhalten reagiert. (Vgl. fight und flight.)

Freeze

Eine weitere Taktik ist, sich einfach ruhig zu verhalten und „einzufrieren" Das kann man bei vielen Terriern beobachten. Der Hund stellt sich vermeintlich tot, in der Hoffnung, dass der andere es nicht merkt und ein weiterer Konflikt umgangen werden kann.

Flirt/Fiddle

Diese Taktik wird tatsächlich oft von Haltern nicht als eine Stressreaktion erkannt. Hierbei handelt es sich um Übersprungshandlungen wie etwa überdrehtes Herumspielen, plötzliches Anspringen usw. Klassisch ist, dass die Handlung nicht in den jeweiligen Kontext passt und fehlplatziert wirkt. Stell dir vor, du gehst mit deinem süßen Welpen spazieren und euch kommt auf dem Weg ein anderer Hund entgegen, den du persönlich überhaupt nicht als Stressor realisiert hast. Dein Hund möchte den Kontakt nicht und gerät folglich in Stress, während ihr weiter auf den anderen Hund zulauft. Er wendet sich von der Situation ab und fängt „plötzlich" an, zu schnüffeln. Warum sollte er aber an dieser Stelle schnüffeln, wenn ein anderer Hund kommt? Er geht dadurch ja nicht in Kontakt mit seinem Artgenossen, sondern wendet sich ab. Für dich ist es ein wichtiges Zeichen, dass dein Welpe das weiße Fähnchen schwenkt und dir sagt:

„Bring mich mal raus aus der Situation. Ich mag das hier nicht."

Wenn du sowas aber nicht richtig lesen kannst, wird es schwierig. Die Überraschung ist groß, wenn die Hunde sich gegenüberstehen und sich möglicherweise anknurren. Wenn du deinen Welpen einfach aufmerksam beobachtest, wirst du solche Übersprungshandlungen erkennen und ihm präventiv helfen können. In der beschriebenen Situation kannst du deinem Welpen zum Beispiel helfen, die Individualdistanz zu dem anderen Hund zu vergrößern, indem du mit deinem Welpen einen größeren Bogen um den anderen Hund läufst. Dein Welpe bleibt entspannt und denkt:

„Oh, super! Mein Frauchen hat mich hier rausgebracht! Sie hat es drauf."

Stresssignale richtig deuten & deinen Welpen unterstützen

Nimmst du wahr, dass dein Welpe gerade unter Stress leidet und auf eine der Taktiken zurückgreift, greife am besten ein und verschaffe ihm eine Auszeit von der Situation.
Du kannst zum Beispiel versuchen, ihn mit einer Übung abzulenken, nochmal das Sitz und Platz zu trainieren oder eine leichte Übung zu machen, die er gut kann, die für ihn ein Erfolg ist. Das lenkt ihn ab.
So lernt dein Welpe früh:

„Ich kann gewisse Anzeichen geben und mein Frauchen erkennt meine Signale und bringt mich aus der Situation sicher raus."

In solchen Situationen gibt es kein Vorgehen nach einem Lehrbuch. Du musst immer gucken, was dein Hund ganz individuell braucht. Und du kennst ihn am besten. Wenn du also das Gefühl hast, dein Hund braucht jetzt Ruhe, dann hör auf dieses Bauchgefühl. Das ist ganz wichtig, denn so bist du ein verlässlicher Partner für ihn.
Umgekehrt achte auch darauf, dass es trotzdem immer eine Balance gibt. Wie du weißt, ist Stress eben auch lebenswichtig, damit der Körper sich immer und immer wieder anpassen kann. Das hält ihn fit. Daher heißt Stress eben auch, dass du dich dosiert - etwa durch Gewöhnung - mit deinem Hund mit diesen Situationen auseinandersetzt. Es geht wieder einmal darum, die gesunde Balance zu finden. Aber das wird euch im Laufe der Zeit sicher gelingen.

15. Der Besuch beim Tierarzt

Gerade am Anfang stehen mehrere Besuche beim Tierarzt an, zum Beispiel, wenn du deinen Hund impfen lässt.
In diesem Kapitel bekommst du Anleitungen an die Hand, die dir helfen, deine Tierarztbesuche so zu planen, dass du deinen Welpen gut unterstützt und er gerne dorthin geht.
Rufe im Vorfeld bei deinem Tierarzt an und berichte ihm, dass du einen Welpen hast. Frag direkt nach, wann die beste Möglichkeit ist, zur Visite zu kommen. Es ist nämlich nicht unbedingt sinnvoll, in ein total überfülltes Wartezimmer zu kommen, wo verschiedene Tierarten versammelt sind und der Hund deswegen unter Stress ist und erst anschließend in den Behandlungsraum kommt. Plane dir auch genügend Zeit ein, damit sich dein Welpe vor der Praxis noch lösen und viele Gerüche entspannt aufnehmen kann.
Vielleicht gibt es also eine Möglichkeit, den Tierarzt schon mal vorher zu konsultieren und mit deinem Welpen einfach mal durch die Praxis zu gehen. Und zwar zu Zeiten, wo kein anderes Tier da ist. So könntest du es deinem Welpen erleichtern. Viele Tierärzte bieten das tatsächlich als sogenannte „Welpen-Sprechstunden" an. Die Termine werden dann extra so gelegt, dass genügend Raum und Zeit zur Verfügung steht, damit der Hund sich wirklich an die Tierarztpraxis gewöhnen kann. Manchmal läuft der Welpe ohne Leine durch die Praxis, kann alles beschnuppern und sich ordentlich vom Praxisteam streicheln lassen.

Auch du bist natürlich aufgeregt, was dich erwartet. Studiere also ruhig die Homepage des Tierarztes und geh zur Terminvergabe persönlich vorbei. Dann siehst du schon mal die Räumlichkeiten und wie du mit den Mitarbeitern klarkommst. Auf diese Weise kannst du dir vorab ein erstes Gefühl verschaffen.
Für den ersten Besuch kannst du dann am besten etwas von zu Hause mitnehmen, was deinem Welpen Geborgenheit vermittelt und woran er sich orientieren kann. Du erinnerst dich an meinen Tipp von ganz zu Anfang des Buches, das Schnuffeltuch. Das kann die Wartezeit im fremden Wartezimmer für deinen Welpen vereinfachen. Es eignet sich auch gut als kleine Decke, auf die er sich legen kann und auf der er es gemütlich hat.

Schaffe für deinen Welpen einen Schutzraum

In dieser neuen, unbekannten Umgebung ist es wichtig, dass dein Hund einen Schutzraum zur Verfügung hat, unter deinem Stuhl zum Beispiel. Achte also darauf, dass er hier seine Ruhe hat, dass er nicht durch andere Tiere oder Menschen belästigt wird und herunterfahren und entspannen kann. Sind keine anderen Tiere im Wartezimmer, sprich vielleicht auch mit der Arzthelferin ab, dass du die Tür des Wartezimmers zumachst und deinen Hund von der Leine nimmst. Dann kann er sich die Räumlichkeiten angucken und schnuppern und sich dann im besten Fall wieder hinlegen und entspannen und dann kommt die Leine wieder dran.
Achte auf deine Stimmung. Wenn der Hund entspannt ist und du aber Angst hast oder aufgeregt bist, ist das keine gute

Konstellation. Die Stimmungsübertragung greift auf jeden Fall.

Wenn du also weißt, dass Tierarztbesuche nicht deins sind und du eigentlich auch kein Blut sehen kannst, wenn zum Beispiel eine Blutabnahme ansteht, oder Angst hast, dass dein Hund leidet, kannst du Folgendes machen:
Bitte eine zweite Person, mitzukommen, oder bitte die Person deines Vertrauens, an deiner Stelle mit deinem Hund zum Tierarzt zu gehen. Auch wenn du das Gefühl hast, dass du als Halter mit zum Tierarzt solltest und für deinen Hund da sein solltest, ist die Frage, was in der Konsequenz besser für deinen Hund ist. Eine gute Stütze bist du, wenn dein Hund merkt, dass du alles im Griff hast. Geht eine Ersatzperson freundlich und selbstbewusst mit dem Hund zum Tierarzt, kann das eine gute Alternative sein, wenn du dich selbst zu Hause sicherer fühlst.

Es ist also alles erlaubt. Es geht um das Wohl des Hundes, sodass er sich wohlfühlt und lernt, dass der Tierarzt toll ist oder jedenfalls nicht bedrohlich.

Mach dich auch darauf gefasst, dass dein Hund beim Tierarzt Verhaltensweisen zeigt, die du bisher noch nicht kennst. Auch wenn er ansonsten taff und lieb ist. Es kann sein, dass er so viel Angst hat oder so viel Sorge, dass er wild um sich schnappt, ganz aufgeregt ist, anspringt oder auch Durchfall vor lauter Aufregung zeigt. Das kann gerade im Welpenalter passieren. Was soll er auch sonst alternativ zeigen, wenn er Angst hat? Er muss dir ja mitteilen, dass er das gerade nicht gut findet. Er steht unter Stress. Und das zu zeigen, ist nicht schlimm. Wichtig ist, dass hier ein guter Kompromiss gefunden wird, wie der Hund sich wieder entspannen kann.

Manchmal hilft es, zu sagen, dass der Tierarzt erst mal einen anderen Hund behandeln soll und du bleibst erst mal in den Räumen und startest das Projekt nochmal von 0 und tastest dich langsam ran. Guck hier, was für den Hund wichtig ist und was er gerade von dir braucht.

Das heißt auch hier, dass dein Bauchgefühl entscheidet, welchem Tierarzt du vertrauen kannst.

Praxisübungen als Vorbereitung auf den Tierarztbesuch

Auf die Behandlung im Behandlungsraum kannst du deinen Welpen vorbereiten. Es ist wichtig und von Vorteil, dass er sich überall anfassen lässt. Und das kannst du zu Hause fleißig üben. Und das Schöne ist, das Training kann ganz nebenbei stattfinden.
Für deinen Hund ist es ungewöhnlich, beim Tierarzt auf den Tisch gesetzt, angefasst und genau angeschaut und untersucht zu werden. Wenn du tatsächlich zum Tierarzt gefahren bist, weil er in eine Scherbe getreten ist oder Ähnliches, ist es eine schmerzhafte Untersuchung und dann kommt noch Stress für ihn hinzu, weil er sich auch noch anfassen lassen muss, obwohl er das gar nicht kennt.
Beuge dich zu deinem Welpen runter, knie dich zu ihm hin, spiel mit ihm und berühre ihn, am besten überall. Damit ist das Training schon beendet. So bringst du deinem Hund bei, dass es normal ist, wenn du ihn am ganzen Körper berührst.

Beginne mit den Stellen, die er eh schon mag. Taste dich in der Folge an die Stellen hin, die er nicht so mag. Gestalte alles im Tempo deines Hundes.
Mit der Übung lernt dein Hund, dass es normal ist, wenn du ihn von oben bis unten anfasst und streichelst. Du darfst ihn abtasten und testest so, wie er auf Anfassen und leichten Berührungsdruck reagiert. Schau, wie er auf schnellere oder langsamere Bewegungen reagiert. In den nächsten Wochen arbeitest du dann Stück für Stück daran, dass dein Hund sich wohlfühlt:

Du kannst zum Beispiel an der Pfote anfangen:
Streiche von oben bis unten einmal runter. An den Pfoten sind Hunde übrigens sehr empfindlich. Wer lässt sich gerne an seinem Fluchtmittel festhalten? Ohne Pfoten kann er nicht weglaufen. Es kann passieren, dass er seine Pfote wegziehen wird. Das kannst du in dem Augenblick auch einfach zulassen. Wichtig ist, dass du bei der Übung entspannt bist und bleibst. Legt er nach einiger Zeit seine Pfote bereitwillig in deine Hand, dann streiche sie langsam von oben bis unten ab. Lobe ihn bei dieser Übung, sprich mit ihm, sag ihm, dass er das klasse macht und dann ist schon die nächste Pfote dran. Das darf alles beiläufig sein.
Es kann sein, dass er zwischendurch abhaut, getreu dem Motto:

„Danke, das reicht!“

Das ist in Ordnung, lass ihn an dieser Stelle laufen. Und ja, er darf jetzt hier an dieser Stelle ein bisschen mitbestimmen, wie lange diese Übung dauert.

Trainiere es direkt an vier Pfoten. Jeder hat seine Schokoladenseite und auch seine "Schokoladenpfote". Kennt er die Berührungen an der linken Vorderpfote, so bedeutet das nicht, dass er sich überall anfassen lässt. Jede Pfote braucht die Gewöhnung.
Wenn du die Pfoten durch hast, kannst du in seine Ohren schauen.
Er wird schnell lernen, ein paar Sekunden gerne bei dir zu verharren. Ein dickes Lob darf natürlich folgen. Schau dir seine Ohren mit der gleichen Ruhe an. Du kannst ihm auch um das Auge streicheln, um zu gucken, ob er das mag.
Dann kannst du noch die Zähne deines Hundes kontrollieren. Gerade im Welpenalter ist es interessant zu sehen, ob die ersten Milchzähne schon rausgefallen sind. Es kann gut sein, dass er anfangen wird, an dir zu knabbern, während du seine Zähne prüfst.
Lass dich davon nicht anstecken, werde also nicht genauso aufgeregt, sondern mach an dieser Stelle in Ruhe weiter. Das ist auch ein gutes Training für dich, sodass du ruhig im Umgang mit deinem Hund bleibst.
Wenn du deinen Hund gerade an Berührungen gewöhnst und vorsichtig an seiner Schnauze herum tastest, kannst du das mit einer nützlichen Übung verbinden, die in den Bereich der Ersten Hilfe fällt.
Dabei handelt es sich um das Beobachten der „kapillaren Rückflusszeit". Dazu hebst du eine Lefze deines Welpen an und setzt über seinem Eckzahn auf der inneren Schleimhaut 1-2 Sekunden einen Fingerabdruck. Die Stelle, die sich durch das Abdrücken weiß gefärbt hat, sollte sich innerhalb der nächsten 2 Sekunden wieder zartrosa färben. Sollte dein Hund einmal unter Schock stehen, ist das ein guter Test, um

zu prüfen, ob sein Herz-Kreislauf-System noch gut funktioniert. Und wenn er diese Berührung schon kennt, ist das für eine mögliche Notfallsituation von Vorteil, wenn er das mit sich machen lässt und du dies prüfen kannst.
Wenn dein Hund unter Schock steht, kann es sein, dass er plötzlich zubeißt, auch wenn er ansonsten wahnsinnig gut erzogen ist. Das ist normal und es heißt nicht, dass er jetzt auf einmal gefährlich ist. Es ist eine Notfallsituation, in der sein Körper gerade out of order ist. Jede Berührung, die in einer Notfallsituation vorgenommen werden muss und die dein Hund vorher schon kennt, vermittelt ihm mehr Sicherheit.

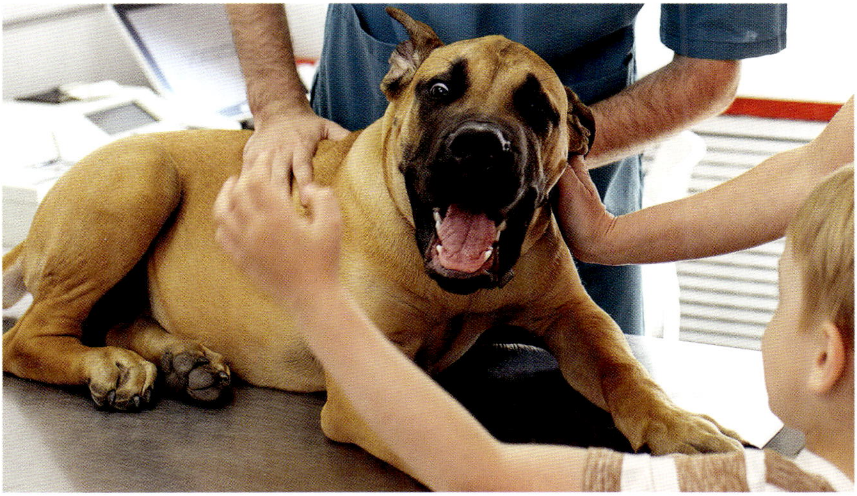

16. Chaos an der Haustür?

So empfängst du Besuch ohne großes Hunde-Theater

Wenn Besuch zu dir kommt, wird es an der Haustür immer ganz schön turbulent! Dein Welpe freut sich tierisch über die Gäste und ist außer Rand und Band.
Es gibt aber auch Hunde, die, wenn es klingelt, laut bellend zur Tür rennen und sich nicht mehr kontrollieren lassen und die Gäste anspringen, wenn diese noch nicht einmal richtig im Haus sind.
Hundehalter berichten mir häufig, dass sie es manchmal gar nicht schaffen, an der Tür anzukommen, ohne über ihren Hund zu steigen. Das heißt: Chaos ist vorprogrammiert und oftmals ist man genervt. Gerade, wenn es Situationen sind, in denen man nicht mit Besuch rechnet, oder wenn der Briefträger kommt.
So hält man den Hund irgendwie hinten zurück, unterschreibt schnell das angenommene Päckchen und ist zufrieden, wenn man das Paket reinholt, ohne dass der Hund rausrennt. Und man fühlt sich erleichtert, wenn die Tür wieder zugeht.
Das darf gerne für alle Beteiligten entspannter ablaufen. Und das wird es, wenn man ein gewisses Ritual entwickelt.
Versetze dich in die Lage deines Welpen. Wenn es klingelt, gibt ihm das die Information: Jetzt passiert etwas hinter der Tür. Das ist wie in so einer Quizshow, wo man gefragt wird:

„Möchten Sie Tor eins oder zwei?“

Irgendetwas verbirgt sich dahinter. Und es kann etwas ganz Tolles sein, aber dein Welpe weiß nicht was. Genau das macht den Reiz für ihn aus.
Der Hund hört es klingeln und der Spielautomaten-Effekt setzt ein. Er weiß nicht, was passiert, aber er weiß, dass etwas Gutes passieren wird, denn gerade Welpen gegenüber ist man freundlich gestimmt.
Der Hund wird ganz unbewusst auf die Klingel trainiert. Wenn es klingelt, läuft er schon automatisch zur Tür, um zu gucken, wer da wohl wartet. Aber du kannst gegensteuern: Zeig ihm, was du von ihm erwartest, wenn es an der Tür klingelt. Hol dir Stift und Papier und schreib dir dein Ziel auf. Was soll der Hund tun, wenn jemand hinter der Tür steht und rein möchte?
Du könntest deinem Welpen etwa beibringen, auf seine Decke zu gehen, wenn es klingelt. Dort soll er entspannt liegen, bis du ihn wieder auflöst.
Im Folgenden gebe ich dir diese Anleitung an die Hand: Wie du deinen Hund auf die Decke schickst.
Schwierig wird es, wenn du deinen Hund gedanklich verlässt. Das heißt, du hast ihn auf die Decke geschickt und denkst:

„Super, jetzt kann ich die Tür öffnen!"

Das ist der Moment, den der Hund natürlich mitbekommt und sich sagt:

„Alles klar! Mein Mensch fokussiert sich gerade nicht auf mich - jetzt kann ich tatsächlich durch die Beine huschen und eben doch wieder der Erste an der Tür sein."

Dagegen musst du dich wappnen und das in deiner Zieldefinition berücksichtigen.
Es klingelt also an der Tür. Daraufhin schickst du den Hund mit einem möglichen Signal auf die Decke oder in seine Box. Er soll lernen, unter jeglicher Ablenkung dort so lange liegen zu bleiben, bis du ihm ein Auflösesignal gibst. Der Hund lernt eine immer wieder einkehrende Routine, diese entspannt. Das wäre zum Beispiel ein angenehmer Verlauf, damit dein Hund nicht immer in so eine ausufernde Erregungslage kommt, sondern weiß:

„Je schneller ich mich entspanne, desto schneller werde ich aufgelöst …"

… sofern dein Hund auch aufgelöst werden möchte. Ich haben nämlich schon einige Hunde im Training gehabt, die hinterher gar nicht mehr aufgestanden sind. Die lagen entspannt in ihrem Körbchen und fühlten sich sehr wohl. Das war einfach (ent-)spannender für sie als der Besuch an sich. Und irgendwann standen sie von alleine aus ihrem Körbchen auf und begrüßten in Ruhe den Besuch ohne die hohe Erregungslage. Klingelt es also an der Tür, wird der Hund auf die Decke geschickt. Dabei spielt es keine Rolle, ob der Besuch hineinkommt oder der Postbote draußen vor der Tür steht. Der Hund weiß:

„Hier ist meine sichere Insel und hier bleibe ich liegen."

Territoriales Verhalten kann auch noch als Reiz hinzukommen. Für den Hund ist sein Zuhause natürlich sehr wichtig, es ist eine lebenswichtige Ressource. Klingelt der Postbote, rennt der Hund zur Tür und bellt. Was macht der Postbote dann? Er geht! Der Hund lernt also:

„Durch mein Bellen haut der ab!"

Natürlich geht der Briefträger, er hat nun mal noch einiges zu tun. Aber er geht nicht, weil der Hund bellt – das wiederum denkt jedoch der Hund. In der Folge lernt er, dass er mit Bellen erfolgreich ist. Es kann auch sein, dass er im Laufe der Zeit Gefallen an seinem Gebell und seiner Außenwirkung findet. Es ist natürlich legitim, dass dein Hund sein Zuhause als seine Burg ansieht und diese auch schützen möchte. Aber es sollte durch dich lenkbar sein, es sollte sich zu keinem Selbstläufer entwickeln. Dein Hund darf gerne bellen, aber es ist wichtig, dass er auf seine Decke geht, sobald du ihm das Signal dafür gibst, dass er durch das Signal versteht:

„Alles klar. Du hast an dieser Stelle übernommen. Schichtwechsel."

Was auch hilft: Beobachte, in welcher Stimmung sich dein Hund befindet. Wenn er etwas territorial verteidigt, dann geschieht das aus einer Angst heraus. Einer Angst davor, eine mögliche lebenswichtige Ressource, in diesem Fall sein Territorium, zu verlieren. Bei Besuch ist es dagegen oftmals einfach pure Lebensfreude, die ihn packt, und so kann es schnell passieren, dass er zu übermütig wird.
In beiden Fällen lohnt sich hier ein Signal, mit dem du ihn auf eine Decke schicken kannst.
Es wird jetzt viel diskutiert: Wo kommt das Körbchen hin? Soll es an die Tür? Oft wird gesagt, der Hund soll nicht im Flur

liegen, weil er dadurch mehr „Macht“ hat, wenn er alles überblicken kann.
Achtung! Löse dich bitte davon.
Was hast du für einen Hundetypus? Was ist das für einer?
Die meisten Hunde kommen nicht auf die Welt und sagen:

„Achtung! Ab jetzt regiere ich!!!”

Das wollen sie gar nicht. Hunde wollen wissen, wo sie stehen. Du kannst dir einen Hund als guten Mitarbeiter vorstellen. Er möchte involviert und integriert sein, aber auch Regeln zur Orientierung haben. Das ist ein sehr angenehmes Zusammenarbeiten mit den Hunden. Hunde wünschen sich Sicherheit. Und da kann es gerade für den Anfang dieser Übung hilfreicher sein, das Körbchen wirklich in der Türnähe zu haben. Dann hast du deinen Hund im Blick und er sieht genau vor seinen Augen, was passiert, er wird also in diesen für ihn wichtigen Lernprozess integriert.
Steht das Körbchen weit weg im Wohnzimmer, über drei Winkel versteckt, kannst du erstens den Hund nicht mehr lenken und zweitens wäre es in seinem jungen Alter sehr untypisch, wenn er dort einfach liegen bleiben würde, obwohl so ein wahnsinnig starker Ablenkungsreiz vorherrscht. Die Fehlerquote wäre sehr hoch. Dies führt zu Fehlverknüpfungen, nicht gewünschten Ergebnissen und jeder Menge Frust auf beiden Seiten.
Weiterhin kann folgender Konflikt entstehen: Sobald du deinen Hund auf die Decke geschickt hast, musst du dich wieder deinem Besuch widmen. Das ist meistens die Chance, die der Hund nutzt, um wieder aufzustehen. Schließlich verschiebst du den Fokus von deinem Hund auf deinen Besuch. Genau

hier musst du ran. Genau jetzt musst du eine Entscheidung treffen. Optimierst du das Verhalten des Hundes oder kümmerst du dich um den Postboten?
Kümmere dich definitiv um deinen Hund. Er merkt es, wenn du konsequent bist.
Er wird schnell lernen, dass es vergebene Liebesmühe ist, wieder aufzustehen. Das kostet ihn zu viel Energie und führt ihn nicht zum Ziel.
Du kannst auch gerne noch einen Kauknochen oder etwas Ähnliches in sein Körbchen legen. Der Hund holt sich jetzt nicht seinen Erfolg dadurch, dass er an die Tür flitzt, sondern kann durch Kauen sogar noch Stress abbauen oder sich mit einer Leckerei beschäftigen, die er attraktiv findet.

Wie soll dein Besuch mit deinem Hund umgehen?

Ich finde es meistens leichter, (s)einen Hund zu erziehen als den Besuch. Gerade wenn man einen kleinen Welpen hat, wollen ihn natürlich alle streicheln, anfassen, mit ihm spielen. Das ist natürlich auch das, was wir uns wünschen – und Hand aufs Herz: Das können wir auch keinem verdenken. Wir wollen den Hund ja überhaupt nicht von unserem Besuch fernhalten. Es ist also immer eine Gratwanderung. Wann gebe ich Regeln vor, die ich eigentlich konsequent haben will, und wann züchte ich mir ein Problem heran, was ich nicht haben will? Geht der Besuch wieder, ist der Besuch weg, aber mein Problem habe ich immer noch.
Ich empfehle dir, einen Mittelweg zu finden. Was ist sinnvoll und was nicht? Und dieses Auf-die-Decke-Schicken hilft da schon enorm, um eine räumliche Distanz zu schaffen und alle

zu entspannen.
Du kannst mit deinem Besuch sprechen und ihm erzählen, wie du dir so eine Annäherung vorstellst. Eine Möglichkeit wäre, dass der Besuch in die Hocke geht, wenn der Hund wieder aus dem Körbchen darf, und eine Hand nach ihm ausstreckt.
Dein Hund wird sich individuell die Leute herauspicken, wo er sagt:

„Hey, die finde ich richtig cool."

Oder:

„Bei dir bin ich einfach ein bisschen zögerlich."

Das ist alles absolut in Ordnung. Lass deinen Hund das allein entscheiden. Deshalb hilft es deinem Hund, wenn er von sich aus Kontakt aufnehmen kann. Vermeide bitte, dass dein Besuch auf deinen Hund zustürzt und sagt:

„Komm, wir legen jetzt hier los!"

Das könnte kontraproduktiv sein.
Das heißt: Hinknien, Hand ausstrecken und auf eine ruhige Atmung achten. Der Hund wird meistens Kontakt aufnehmen. Wenn du möchtest, darf der Besuch Leckerchen aus der Hand füttern. Dein Besuch darf gerne attraktiv werden für deinen Hund, aber in einer ruhigen Stimmung.

Auszeit: Deinen Hund zum Entspannen auf die Decke schicken

Wir beschäftigen uns jetzt damit, den Hund zielgerichtet auf die Decke zu schicken. Bewaffne dich mit Leckerchen oder etwas, das dein Hund mag. Die Übung ist relativ simpel, denn du wirfst einfach nur ein Leckerchen auf die Decke, und zwar so, dass dein Hund es sieht.

Was beiläufig passieren wird, weil dieser Reiz einfach sehr groß ist, ist, dass der Hund auf die Decke laufen wird. In dem Augenblick findet hier schon ein richtig gutes (zusätzliches) Training statt, denn höchstwahrscheinlich ist das ein anderer, neuer Untergrund, den er mit seinen Pfoten erfühlt. Durch diese ersten Schritte lernt dein Hund, sich auf diesem neuen Untergrund zu bewegen und wohlzufühlen. Betritt er die Decke, bestätige ihn. Wiederhole diesen einfachen Schritt einige Male.

Sollte dein Hund am Anfang selbstständig wieder von der Decke runtergehen, ist das innerhalb dieses Trainingsschrittes kein Problem. Lass ihn einfach ohne Druck ausprobieren und bau die Übung neu auf. Korrigiere ihn nicht und zwing ihn nicht auf die Decke: Es ist wichtig, dass er gerne kommt. Am Anfang trainierst du ja noch ohne Auflösesignal und dann darf der Kleine die Decke jederzeit wieder verlassen, wenn er das für richtig hält. Der Schwerpunkt bei diesem Trainingsschritt liegt darauf, auf die Decke draufzugehen. Noch nicht mehr und noch nicht weniger.

Viele Hunde, die sich auf der Decke wohlfühlen, legen sich intuitiv von alleine hin. Legst du statt eines Leckerchens einen Knochen zum Knabbern hin, so wird er sich vermutlich schneller hinlegen, um den Knochen zu genießen. Du siehst, es gibt verschiedene Optionen, um automatisch ein gutes Gefühl mit einer Decke zu entwickeln, ohne dass du dir großartig Gedanken machen musst.

Das trainierst du so 2-3 Tage und kannst dabei immer zielgerichteter vorgehen. Das heißt, wenn du eine entsprechende Handbewegung machst und ein Leckerchen wirfst, wird der Hund schon wissen:

„Tätärätä! Gleich kann ich wieder auf die Decke und hole mir da meinen Keks ab.”

Gelingt es dir, dass der Hund auf die Decke geht und sich automatisch hinlegt, führst du vor dem Handlungsauslöser das Signal, zum Beispiel „Auf die Decke“, ein. Der Handlungsauslöser wird höchstwahrscheinlich die auf die Decke zeigende Hand mit dem Leckerchen sein.
Schritt für Schritt kannst du die Abstände, aus denen du wirfst, vergrößern, damit du am Ende des Trainings aus allen Räumen und aus allen Ecken deiner Wohnung dieses Signal einfordern kannst.
Wenn das sitzt, ist der nächste Schritt, das Ganze mit ablenkenden Reizen und Besuch zu trainieren, bis es in ein paar Wochen für den Hund das Normalste auf der Welt ist, bei dem Signal alles stehen und liegen zu lassen und sich gerne auf die Decke zu legen.
Wenn du mit Ablenkung trainieren willst, aber nicht regelmäßig Besuch kommt, kannst du auch andere Ablenkungsreize einbauen. Wenn du deinen Hund erfolgreich auf die Decke geschickt hast, kannst du einen Ball vor seinem Körbchen hin und her rollen, laute Musik anmachen oder plötzlich selber wild durch die Wohnung rennen und tanzen. Zeige deinem Hund Verhalten, womit er nicht rechnet und sich sagt:

„Du bist ja noch nie gerannt. Also müsste ich mal eigentlich

schnell hinterher! ...”

Warte nicht darauf, dass er Fehler macht, sondern lobe währenddessen das gezeigte und gewünschte Verhalten. Das ist wichtig. So lernt er, dass er trotz deiner provozierenden Showeinlagen ein gewünschtes Verhalten zeigt.
Manche Hundehalter korrigieren ihren Hund gerne, zum Beispiel durch ein Abbruch- oder Korrektursignal. Zeigt der Hund nach einem Frühstart anschließend nach einem möglichen „Nein“ durch den Hundehalter das gewünschte Verhalten, so verstärken viele Hundehalter dies mit einem Verstärker. Aber:
Achtung bei/nach einer Korrektur: Bei der Korrektur ist es ganz wichtig, dass dein Hund nicht mit einem Leckerchen auf die Decke gebracht wird, denn sonst kombiniert er natürlich ziemlich schnell:

„Ich lege mich hin. Ich stehe wieder auf. Sie korrigiert mich und dann bekomme ich für die Korrektur ein Leckerchen. Ich lege mich hin. Ich stehe wieder auf. Sie korrigiert mich mit einem Leckerchen. Ich kriege am laufenden Meter Kekse, also bleibe ich nicht länger als 20 Sekunden auf dieser Decke liegen.”

Führe die Ablenkungsreize Schritt für Schritt ein und baue sie aus, damit immer noch eine Erfolgsquote von 90-95 % gehalten werden kann. Für die Motivation deines Hundes ist es wichtig, dass seine Erfolgserlebnisse überwiegen und er merkt, dass es richtig gut ist, was er gemacht hat.
Entlasse ihn immer über ein Erfolgserlebnis aus der Übung und bestrafe ihn nicht.

17. Stresst dich Training in der Öffentlichkeit?

Wie du Unsicherheiten überwindest

Oft höre ich von Hundehaltern, dass sie draußen, wenn sie sich „unter Beobachtung" fühlen oder wenn sie während Spaziergängen auf Bekannte treffen, anders mit ihrem Hund umgehen, als wenn sie mit ihm alleine sind. Für den Hund ist es jedoch wichtig zu wissen, dass du draußen ein genauso verlässlicher Partner bist wie in eurer Wohnung, damit er dir draußen nicht auf der Nase herumtanzt oder aber starke Verunsicherung spürt.

Wir wünschen uns, unseren Hund gut auszubilden und ihm Sicherheit zu vermitteln, damit er sich wohlfühlen kann. Aber draußen, wenn wir mit anderen Menschen zusammen sind, stellen wir oftmals fest, dass sie unser Training durcheinanderbringen.

In solch eine Situation kannst du geraten, wenn du mit deinem Hund spazieren gehst. Erst läuft alles prima ohne Ablenkung. Dein Hund ist leinenführig, er macht „Sitz" und der Abruf funktioniert.

Doch was passiert, wenn du spazieren gehst und du auf einmal einen guten Bekannten triffst?

Dein Bekannter kommt dir entgegen und dein Hund wird logischerweise, durch Neugier angezogen, direkt in seine Richtung laufen und ihn möglicherweise anspringen. Du sagst vielleicht:

„Nein. Hör auf. Mach Sitz.“

Du fängst du an, dich mit der dir bekannten Person zu unterhalten, ohne auf die Umsetzung deiner Signale zu achten. In dem Augenblick lernt dein Hund Folgendes:

„Aha, ohne Ablenkung ist es total sinnvoll, auf Frauchen oder Herrchen zu hören, dann sind die entspannt und freuen sich und ich krieg einen Keks. Sind Frauchen oder Herrchen aber abgelenkt und unterhalten sich mit anderen Menschen, kommen sie in einen Konflikt und setzen das konsequente Training, was sie sonst immer machen, nicht um.”

Der Welpe kombiniert also ganz schnell: Ist eine andere Person anwesend, muss ich diese Übung nicht machen.
Was dir an dieser Stelle fehlt, ist eine kleine Strukturierung. Du willst dich mit der anderen Person unterhalten, du möchtest aber auch das Training konsequent umsetzen. Und du kannst dich auch gerne unterhalten, aber Priorität hat hier erst einmal dein Hund. Gelingen die ersten Übungen mit Ablenkung schon gut, kannst du in solchen Situationen darauf bauen. Das ist leichter, als wenn du dich erst der Person widmest und mit ihr etwas besprichst und dein Hund macht in der Zeit, was er will. Bring ihn vorher in eine feste und bekannte Position.
Beherrscht dein Hund noch keine Signale, so lass ihn einfach locker an der Leine. Dagegen spricht überhaupt nichts. Das Wichtige ist nur, dass du, wenn du ein Signal gibst, es auch konsequent umsetzt.
Dein kleiner Welpe kriegt vielleicht ein „Sitz” und du kannst

deinem Gegenüber die Hand geben oder kurz Hallo sagen und einen Smalltalk einlegen. Dein Welpe sitzt entspannt neben dir und wartet geduldig.
Dem Hund gibt es Sicherheit und vor allen Dingen auch Klarheit. Das heißt, er lernt wieder eine sinnvolle Konsequenz einer Übung, obwohl du abgelenkt bist.
Die meisten Menschen haben dafür Verständnis, wenn sie es nur wissen. Schwierig wird es, wenn wir keine Ruhe finden und uns hin- und hergerissen fühlen. Wir wechseln zwischen Welpe und bekannter Person und können uns kaum daran erinnern, was uns unser Gegenüber gesagt hat, und sind vom Hund extrem genervt. Der denkt sich hingegen bei dem Hin und Her:

„Die ist aber wieder drollig drauf ..."

Wenn du an dieser Stelle inkonsequent bist, bedeutet das in der Folge, dass dein Hund seinen Hobbys nachgehen wird, weil er weiß, dass du eh nicht konsequent bist.
Leg die Priorität auf deinen Hund, auch wenn es ein Bekannter ist, den du lange nicht gesehen hast. Für die nächsten 15 Jahre ist es einfach eine unheimliche Hilfe, wenn du gewisse Regeln früh aufstellst und dich selbst daran hältst. Du wirst sehen, in ein paar Wochen ist das völlig selbstverständlich für deinen Hund, wenn du deinen Nachbarn, deine Freunde oder ähnliche Personen auf dem Spaziergang triffst, und er wird sich von alleine setzen:

„Alles klar, wir machen hier eine kurze Pause. Ich setz mich hin und warte. Danach werde ich wieder aufgelöst und vielleicht kann ich auch einen Keks bekommen."

18. Dein Hund verteidigt sein Futter?

Diese Übungen helfen dagegen

Der Hund und sein Hundenapf: Das ist eine ganz besondere Liebe. Ein Kunde hat sich einmal tierisch aufgeregt, dass es ein Einbrecher in sein Haus geschafft hat und sein Hund als Erstes zu seinem Napf gerannt ist, um diesen leer zu fressen, und erst danach angefangen hat, zu bellen. Das ist eine kleine Anekdote, die zeigt, dass der Hund einfach eine ganz eigene Priorität an dieser Stelle hatte. Futter ist nun mal überlebenswichtig.

Dieses Wissen können wir nicht nur als Motivationsverstärker für unser Training nutzen, sondern es hilft uns zudem, zu verstehen, dass Futter wirklich wichtig für unseren Hund ist und wir deshalb Ruhephasen für den Hund beim Füttern einbauen sollten. Fütterung bedeutet also auch Qualitytime. Gerade in Familien mit vielen kleinen Kindern, wo es mitunter sehr wuselig ist, ist die Regel wichtig: Lass den Hund in Ruhe seinen Napf leeren, und zwar, ohne dass er hastig werden muss, und, ohne dass er unter Stress gerät. Das schützt die Familie und den Hund.

Trotzdem stellt man bei dem einen oder anderen Welpen fest, dass er schon ein bisschen aufmüpfig wird, wenn es um das Futter geht. Erst ist er vielleicht aufgeregt und fordert uns durch Bellen auf, dass wir uns mit dem Füttern ein bisschen beeilen sollen. Es gibt aber auch Hunde, die schon zuzwacken, wenn wir in der Nähe des Futternapfes sind. Mal aus dem Übersprung heraus, aber manchmal steckt tatsächlich ein

bisschen Ernst dahinter. Das kann man nicht wirklich immer deuten.
Hier möchte ich dir ein kleines einfaches Training vorstellen, mit dem sich der Hund an verschiedene Sequenzen gewöhnt. Also Punkt eins ist, dass er lernt, dass er in Ruhe fressen darf. Sein Futter wird ihm nicht auf Dauer weggenommen. Er soll aber auch lernen, dass du die Möglichkeit hast, es ihm wegzunehmen, wenn es mal sein muss, denn du weißt: Futter steht stellvertretend auch für mögliche Giftköder draußen. Hier ist dein Handeln gefragt.
Jetzt liest man in alten Hunderatgebern noch häufig:

„Nehmt dem Hund einfach während des Fressens den Napf weg."

Hm. Die Frage ist aber: Was wollen wir wirklich erreichen? Wir wollen, dass unser Hund uns vertraut, wenn wir sagen:

„Ich nehme dir jetzt diesen Napf weg."

Oder:

„Ich nehme dir jetzt das weg, was du gerade am liebsten haben willst, und es ist ok. Vertrau mir."

Wir wollen, dass er dabei entspannt, und nicht, dass er panisch wird, dadurch noch schneller frisst oder möglicherweise Aggressionen gegenüber uns zeigt, indem er sein Futter verteidigt. Gerade Letzteres ist eine Situation, bei der wir im Bereich der Vertrauensarbeit mit unserem Hund viele Federn lassen würden.

Aus diesem Grund gibt es neben dem berühmt-berüchtigten „Napfwegnehmen" noch eine andere/elegantere Übung:
Du fütterst deinen Hund ganz normal, das heißt: Er kriegt sein normales Futter. Du bleibst mit im Raum. Immer, wenn du siehst, dass dein Hund sich entspannt und frisst, öffne deine Hand mit einem „Bonus On Top": Ein Leckerchen, das noch attraktiver ist als die, die im Napf sind. Ein Stück Käse oder ein Apfel. Das, was dein Hund ganz besonders mag. Damit füllst du, während dein Hund frisst, seinen Napf auf.
Was steckt dahinter? Ich will dem Hund eigentlich etwas wegnehmen und eine mögliche Ressourcenverteidigung reduzieren. Und jetzt gebe ich ihm noch was obendrauf?! Das tue ich, um sein Vertrauen zu gewinnen und aufzubauen, denn was er jetzt lernt, ist:

„Ich kann hier entspannt fressen und wenn mein Frauchen mit im Raum ist, kann es passieren, dass sie mir irgendwas Leckeres zusätzlich gibt."

Diese Übung ist wunderbar einfach. Wie nah du am Napf sitzt, musst du davon abhängig machen, wie dein Hund tickt. Beobachte seine Körpersprache. Wenn er entspannt frisst, fütterst du Leckerchen zu. Das ist tatsächlich in der nächsten Zeit deine erste Aufgabe.
Im nächsten Schritt geht es weiter. Du näherst dich dem Napf, bis dein Hund entspannt und sich sagt:

„Wenn du da bist, ist das eigentlich nur noch eine Bereicherung für mich."

Beginne, den Napf ganz locker zu berühren, ganz zufällig und auch mal ein bisschen länger. Und wenn du den Napf hinstellst, kannst du ihn einfach mal festhalten. Der Hund soll dabei weiterhin entspannt fressen. Je nach Futter - bei Nassfutter bin ich davon nicht so ein Freund, aber bei Trockenfutter geht das schon besser - einfach mit dem Finger reingehen und das Futter in die Hand nehmen.
Du merkst: Es ist ein Stufenprogramm und du näherst dich langsam an. Macht dein Hund entspannt mit, wird er für sein Verhalten gelobt und du kannst die Übung Schritt für Schritt aufbauen, bis du deinen Hund beim Fressen abstoppen und ihm den Napf kurz wegnehmen und (sofort) wieder hinstellen kannst.
Es endet immer wieder damit, dass der Hund etwas Tolles dafür bekommt, damit diese Übung gut aufhören kann. Das ist wichtig, denn wenn der Hund das Vertrauen zu dir hat und weiß, die

Ressourcen stehen zur Verfügung und du willst sie ihm nicht wegnehmen, dann entspannt er sich und es kommt nicht zu bösartigen Verletzungen oder möglichen Aggressionen, die der Hund gegenüber Familienmitgliedern zeigt.
Ich habe tatsächlich einmal den Fall gehabt, dass ein acht Wochen alter Hund schon so starke Aggressionen gezeigt hat, dass sich die Halter bei der Fütterung nicht mehr in die Küche getraut haben. Das wollen wir natürlich die nächsten 15 Jahre definitiv vermeiden, denn deine Küche gehört dir und du darfst jederzeit diesen Raum betreten. Gleichzeitig ist es auch für deinen Hund wichtig, sich beim Essen entspannen zu können. Für ihn ist es ein ganz großes Problem, wenn er zweimal am Tag gefüttert wird und jedes Mal wahnsinnig unter Strom steht und angespannt ist. Das ist nicht gesund und mit solchen kleinen Übungen kannst du präventiv dagegen angehen, sodass der Hund sich sagt:

„Füttern ist super - und wenn du dabei bist, ist es sogar noch besser."

19. So hört dein Welpe auf, deine Lieblingsschuhe als Kauknochen zu benutzen

Sicherlich kennst du das schon zur Genüge: Deine Schuhe, deine Möbel, deine Kleidung und sogar einige Körperteile sind Opfer von Hundezähnchen geworden, denn dein Hund beißt in alles rein.

Dass dein Welpe das tut, ist normal. Doch es ist oftmals natürlich sehr schmerzhaft. Deshalb werde ich dir ein paar Tipps geben, wie du das Ganze umlenken kannst. Dazu gehört das legendäre **Nimm-Nein-Spiel**, durch das du ihm ganz spielerisch eine Korrektur beibringst. Er wird mit seinem Verhalten aufhören, ohne durch dein „Nein" in Angst zu verfallen, sondern deine Grenze schlicht respektieren und selbst entscheiden, wie er sich verhalten wird.

Dein Hund probiert sich durchs Leben. Dieses Ausprobieren ist wichtig, bedeutet im Umkehrschluss aber auch, dass du ihm die Grenzen mitteilen musst. Grenzen sind nicht mit Strafen gleichzusetzen, vielmehr mit Leitplanken. Wir geben dem Hund einem Rahmen und damit einen Bereich, in dem er sich austoben und ausprobieren kann. Geht er über die Leitplanken hinaus, kann es zum Schutz für alle sicher sein, dass du lenkend eingreifst und deinem Hund Optionen mitteilst, wie er sich zukünftig besser verhält.

Natürlich ist es schön, wenn wir den Hund nicht korrigieren müssten, das gelingt aber nur, wenn der Hund alle anderen

Tu-Das-Signale immer und überall umsetzt. Das hat mit unserem Training zu tun. Oft gelingt es aber nicht immer und in solchen Fällen setzen Hundehalter meistens Korrekturwörter ein.
Deine Aufgabe ist es also nicht nur, ihm vernünftig „Sitz" und andere Signale beizubringen, ihn regelmäßig zu loben und lieb zu haben.
Zu deiner Verantwortung gehört es ebenso, deinem Hund einen Tanzbereich zu geben, in welchem er sich aufhalten kann. Du gibst ihm Richtlinien, zeigst ihm aber auch die Konsequenzen auf, wenn er seine Grenzen missachtet. Diese Grenzen sollen ihn schützen, das ist ganz wichtig.
Du musst deinen Hund lenken können und ihm sagen:

„So darfst du dich in unserer Gesellschaft bewegen. So darfst du dich verhalten. Das ist in Ordnung, das jedoch nicht. Wenn du über diese Grenze hinweggehst, stehe ich in der Verantwortung, dich auch wieder auf den richtigen Weg zu bringen."

Das Ziel ist, genau das dem Hund klarzumachen, und damit legen wir jetzt los.
Eine typische Situation: Du sitzt entspannt auf der Couch und dein Hund sagt sich:

„Alles klar, ich krieg jetzt meine dollen fünf Minuten."

Das Kino geht los: Der Hund wetzt los - an die Blumen, holt dort die Blumenerde raus, trägt deine Schuhe durch die Gegend und, und, und. Es ist jetzt natürlich eine Möglichkeit, dass du einfach sagst:

„Nein! Hör auf! Lass das, lass das, lass das, lass das!“

Dadurch lernt ein Hund aber nicht wirklich eine Alternative und was er stattdessen tun soll. Zumal das „Nein” auch noch wirklich antrainiert werden muss. Es einfach zu benutzen, macht keinen Sinn, weil dem Hund die dazugehörige Handlung fehlt.
Was jetzt zählt: dem Hund zu zeigen, was er stattdessen tun soll oder wie er selbst eine Lösung anbieten kann.
Dein Hund kommt dir also entgegen und bringt dir stolz deinen Schuh. Das macht er meistens auch mit richtig guter Laune, denn er weiß ja nicht, dass er jetzt was falsch macht und dass diese Dinger vielleicht 250 Euro gekostet haben. Das heißt, er freut sich, aber dein Puls geht auf 180. Das hilft dir an dieser Stelle nicht viel. Wenn du aber jetzt dauernd mit Strafen oder Korrekturen kommst, ist erstens kein Plan B da und zweitens weiß dein Hund nicht, was er tun soll, und stellt als Folge seine positive Stimmung ein. Wir haben eigentlich einen gut gelaunten Hund, was Besseres kann uns nicht passieren, aber den drosseln wir dadurch, dass wir immer sagen:

„Nein, nein, nein, nein.“

Es stellt sich eine erlernte Hilflosigkeit ein, was unterm Strich die Kreativität und die Neugier des Hundes deckelt, die wir an anderer Stelle aber dringend brauchen, damit sich ein Hund stabil entwickeln kann.
Du bietest ihm also jetzt einen Tausch an, anstatt ihn zu maßregeln. Dein Welpe soll den Schuh loslassen. Er wird das natürlich nicht einfach so machen, denn in seinen Augen hat er einen Schatz gefunden. Da ist er wie ein Kleinkind, das sich

einfach tierisch freut, wenn es etwas gefunden hat. Um einen kleinen Kampf zu umgehen, bietest du ihm also einen Tausch an und manifestierst daraus später das Signal „Aus", bei dem der Hund lernt, automatisch aus seiner Schnauze loszulassen. Trainiere dies bewusst, indem du ihn aufforderst, einen Gegenstand aufzunehmen. Direkt im Anschluss bietest du ihm einen Plan B an. Stelle die Situation so, dass du diese aktiv beginnst und nicht der Hund der Initiator ist. Ansonsten kann es zu einer ungewünschten Handlungskette kommen und dein Welpe sucht zwischendurch immer mal nach Gegenständen, damit er diese gegen einen Keks eintauschen kann.
Aus diesem Grund tauscht du bitte erst einmal nur bei Eigeninitiative, wenn du die Übung initiierst. Durch Sichtung des tollen Tauschgegenstandes wird dein Hund seinen Gegenstand schnell loslassen. Die Sichtung der Tauschalternative ist für deinen Hund somit der Handlungsauslöser, die Schnauze zu öffnen. Wunderbar, nutze das, um unmittelbar davor das Signal „Aus" einzuschleichen.

Die Reihenfolge ist: „Aus" – Handlungsauslöser zeigen – Hund lässt seinen Gegenstand fallen und du verstärkst durch eine Belohnung.

Nach einigen Wiederholungen wird dein Hund zuverlässig das Signal umsetzen.
Fummle bitte nicht an dem Hund rum, reiß ihm nicht die Schnauze auf, um den Gegenstand rauszuziehen. Deine Hände sollen für deinen Hund immer positiv sein. Jeder Griff zum Hund, jeder Griff in die Schnauze, der nicht trainiert wurde, etwa durch ein Tierarzttraining, könnte für deinen Hund eine Bedrohung oder zumindest unangenehm sein. Gerade, wenn

man selbst ggf. etwas hektischer reagiert, weil man sich um den Hund sorgt, dass er einen Fremdkörper verschlucken könnte.

Bedenke: Du belohnst deinen Welpen nicht für das Tragen, sondern für das Loslassen, deine Belohnung kann er schließlich nur nehmen, wenn er die Schnauze aufgemacht hat, sonst passt kein Leckerchen rein.

20. „Nein!“ - Hunde richtig korrigieren

Es ist wichtig, deinem Welpen als Signal einen Handlungsabbruch beizubringen. Nicht, um ihn zu bestrafen, sondern um ihm mitzuteilen, dass er jetzt mit einem Verhalten aufhören soll, das nicht gewünscht ist, und um ihm im besten Fall ein besseres Verhalten zu zeigen.

Überlege dir im Vorfeld, wie du mit deinem Hund kommunizieren möchtest. In erster Linie ist das Ziel sicherlich, dass der Hund mit dem aufhört, was er gerade tut, wie etwa das Umbuddeln des Blumenbeetes, das Nicht-Umsetzen von gegebenen Signalen oder aber das Anpöbeln des Nachbarshundes am Zaun. Oft sind es auch gefährliche Situationen, wie etwa das Rennen über die Straße. Gerade in Situationen, die der Hundehalter nicht einkalkuliert hat, treffen diese den Halter wie ein Blitz - und aus einem Impuls heraus ruft man den Hund nicht pragmatisch und entspannt zu sich, sondern wir reagieren impulsiv und das bedeutet, dass wir schnell ein Abbruchsignal, wie etwa „Nein“, nutzen, um unseren Hund zu bremsen.

Dabei sprechen wir von einem Abbruchsignal. Hier geht es um ein sofortiges Ende und den Schutz der Umwelt, des Hundes und von sich selbst. Eine Alternative kannst Du Deinem Hund auf jeden Fall im Anschluss auch geben.

Weiterhin gibt es ein sogenanntes Korrekturwort. Dieses nutzen wir, um den Hund in einen Lernprozess zu integrieren. Wir teilen ihm entspannt mit, dass das, was er tut, nicht das gewünschte Verhalten ist. Er selbst kann Alternativen anbieten, die ihm dann einen weiteren Hinweis geben, ob er sich mit dem neuen Verhalten dem gewünschten Verhalten nähert. Die Folge für den Hund ist, dass er nicht einfach gehemmt wird, ein Verhalten zu unterlassen, sondern dass er lernt, sich zurückzunehmen, Alternativen anzubieten und eben auch die Chance auf Verstärkung zu haben. Meistens nutzt man in diesem Fall Wörter wie „Schade" oder „Noch mal".

Schauen wir uns die wichtigen Punkte an, die du als Hundehalter sowohl beim Abbruchsignal als auch bei einem Korrekturwort kennen solltest:

- **Konsequenz**
- **Intensität**
- **Timing**

Konsequenz

Dein Ziel ist es, darauf zu achten, dass dein Hund mit dem unerwünschten Verhalten nicht zum Erfolg kommt. Wenn er zum Beispiel die Blumen ausbuddelt, die du mit Liebe gepflanzt hast, musst du ihm immer, wenn er im Blumenbeet ist, mitteilen, dass er dort hinaus soll. Das kann am Anfang der

Trainingsphase bedeuten, dass dein Hund nicht unkontrolliert in den Garten darf, weil er natürlich sieht:

„Ah, mein Mensch ist dabei, heute wird nicht gebuddelt!"

Und wenn du dann weg bist:

„Frauchen ist gerade um die Ecke und schon gehe ich ans Blumenbeet, da korrigiert mich keiner."

Und genau das musst du ausschleichen können. Es reicht nicht, einfach nur „Nein!" zu sagen und zu meinen, aber dann 10 Minuten in einem anderen Kontext nicht genauso konsequent zu sein, weil du müde oder abgelenkt bist. Das schreibt sich dein Hund alles auf seine Liste und weiß genau, in welchen Momenten du wirklich konsequent bist. Und denk dran: Meistens passieren die kleinen Unglücke genau dann mit dem Hund, wenn wir nicht ganz bei der Sache sind und/oder einen schlechten Tag haben.

Ganz wichtig: Dein Welpe macht das nicht böswillig, sondern er macht es, weil es geht. Er weiß, wann du nicht reagieren wirst. Konsequenz ist also das A und O.

Intensität

Intensität ist sehr wichtig, aber hier gibt es natürlich einen wahnsinnig großen Spielraum. „Nein!" ist in unseren Köpfen immer so ein bisschen mit „Strafe" verankert. Es gibt auch Hunde, bei denen man das Gefühl bekommt, dass sie ohne Druck überhaupt nicht auf den Hundehalter reagieren. Das bedeutet nicht, dass sie Druck wirklich benötigen, sondern eben, dass sie die Erfahrung gemacht haben, dass Frauchen oder Herrchen das Verhalten erst wirklich ab einem gewissen Druck in der Stimme konsequent umsetzen.

An diesen Beispielen merkst du bereits, dass es auch nicht DIE Intensität gibt, sondern dass eben jede Hundepersönlichkeit in einer eigenen Intensitätsliga spielt. Diese sollten wir als Hundehalter kennen. Was der eine gut wegsteckt, ist für den anderen zu viel und für wieder andere Hunde viel zu wenig.

Das Ziel sollte es sein, dass deine Intensität ausreichend ist, um die Aufmerksamkeit deines Hundes sofort zu bekommen und er deinen weiteren Ausführungen gerne folgen will. Er sollte keine Angst vor dir bekommen, dich in deinem Standing jedoch ernst nehmen. Du merkst, da ist sie wieder, die Balance. Es kann auch sein, dass sich die Intensität im Laufe der Zeit sensitiviert, weil du und dein Hund besser aufeinander eingestimmt seid.

Neben den Hundepersönlichkeiten gibt es auch Menschenpersönlichkeiten und somit auch eine individuelle Vielfalt, wie man mit Intensitäten umgeht. Bedenke das und wähle den Einsatz deiner Intensität immer mit Bedacht. Auch das ist ein Lernprozess. Achte immer darauf, dass der Hund keine Angst vor dir hat.

Probiere dich aus. Es ist, wie gesagt, ein Wachstums- und Reifeprozess. Du wirst das erste Jahr mit deinem Welpen ein bisschen konsequenter und vielleicht von der Intensität ein bisschen stärker sein müssen, weil einfach so viele Umweltreize da sind und so viele Reifungsprozesse in diesem Jahr anstehen, das ist unheimlich spannend. Also lass dich nicht entmutigen, wenn das Training länger dauert. Seid ihr aber erst einmal eingespielt, so wirst du kaum noch etwas sagen müssen und dein Hund weiß Bescheid. Denk daran:

Augenzwinkernd sage ich gerne: Im ersten Jahr geht es in die Höhe, im zweiten Jahr in die Breite und im dritten Jahr geht es in den Kopf. Du hast also noch viel Zeit, aus deinem Welpen einen ganz tollen und sozialverträglichen Hund zu machen.

Timing

Ohne Timing läuft im Hundetraining überhaupt nichts. Das bedeutet für das Training eines Abbruchsignals oder eines Korrekturwortes, dass du ein „Nein!" immer genau 1-2 Sekunden nach/bei der Handlung, die der Hund durchführt, einsetzt. Also ganz unmittelbar als Reaktion.

Ein Beispiel: Ich wünsche mir, dass mein Hund nicht das Kotelett aus der Bratpfanne klaut. Doch jetzt erwische ich ihn, wie er auf die Herdplatte steigt, sich das Kotelett holt, mit diesem Kotelett ins Wohnzimmer auf den teuren Teppich läuft und dort genüsslich das Kotelett frisst. Ich gehe zu ihm, nehme es ihm weg und sage:

„Hör auf damit, das sollst du nicht!"

Das Timing ist jetzt so gesetzt worden, dass der Hund eins lernt:

„Auf dem Teppich darf man kein Kotelett fressen! Morgen gehe ich damit in euer Bett."

Das ist die Konsequenz aus meiner Reaktion, weil das Timing nicht korrekt war. Was der Hund aber eigentlich lernen sollte, war, dass er das Kotelett nicht aus der Pfanne entwenden darf. Das „Nein" sollte also vom Timing genau dann kommen, wenn der Hund im Ansatz ist, den Herd anzuspringen, damit er an dieser Stelle weiß:

„Stopp, das soll ich nicht ..."

Denn genau in dieser Situation liegt das Problem, was ich unterbinden will, und nicht erst später irgendwo auf dem Teppich. Das ist nur der Kollateralschaden.

Du weißt, ich habe schon öfter das Wort „Zieldefinition" benutzt. Auch ein „Nein!" soll eine solche Zieldefinition bekommen. Wenn du ein Verhalten abstellen willst, solltest du dich genau in diese Situation hineinversetzen und gut überlegen, was genau du eigentlich unterbinden und haben möchtest.

Je eher du Verhalten unterbinden kannst, wenn du bemerkst, der Hund ist gerade im Ansatz, das zu tun, was er nicht tun soll, umso leichter ist es für dich. Bist du früh genug an Bord, reicht es oft sogar, dass du kein Abbruchsignal oder Korrekturwort nutzen musst, sondern direkt mitteilst, was du stattdessen willst.

Geht die Nase des Hundes Richtung Pfanne hoch und sind seine vier Pfoten noch am Boden, so kann ein „Sitz" das Problem möglicherweise schon beheben.
Je eher du agierst, umso einfacher kannst du deinen Hund lenken.

Sollte dein Training nicht funktionieren und du hast das Gefühl, dass dein Hund, egal, wie oft du „Nein!" sagst und in welchen Intensitäten, es trotzdem macht: Stress dich nicht an dieser Stelle, sondern denk an die drei Buchstaben „K.I.T". Was hat bei dir nicht funktioniert? Ist es die Konsequenz? Ist es die Intensität? Oder ist es das Timing? Spiel das mal durch. Meistens ist es einer dieser drei Punkte, der nicht ganz korrekt ausgeführt wird. Wenn du daran schraubst, wird es auf jeden Fall besser.

„Nein" als Praxisübung mit Spaßfaktor: So funktioniert das Nimm-Nein-Spiel

Ein „Nein" und ein Korrekturwort sollten trainiert werden. Das klingt jetzt vielleicht paradox, weil du sicherlich schon einmal, wenn du strenger geworden bist und deinem Hund ein „Nein" gesagt hast, eine Reaktion von deinem Hund bekommen hast und das Gefühl hattest:

„Cool, er weiß, was gemeint ist!"

Aber er weiß es nicht zwangsläufig. In vielen Fällen hat er nur registriert, dass sich deine Stimmung verändert hat, und hat daraufhin reagiert. Dafür bekommst du schnell einen Blick. Um ganz sicher zu sein, dass dein Hund weiß, was du von ihm willst, wenn du „Nein" sagst, kannst du ihm mit diesen Schritten das Signal beibringen:
Die Übung ist total nett. Dein Hund wird sie lieben, denn es passiert nicht wirklich viel, was er von sich aus zeigen muss, sondern bekommt jetzt Konsequenz beigebracht. Du bewaffnest dich mit Leckerchen oder mit einem Spielzeug, also wieder mit etwas, wozu sich der Hund motiviert sagt:

„Dafür lasse ich alles stehen und liegen und komme zu meinem Menschen."

Du setzt dich entspannt auf den Boden und hältst ein Leckerchen in der Hand und gibst jetzt ein Freigabesignal, was du deinem Hund möglicherweise schon beigebracht hast. Nachdem du das Freigabewort ausgesprochen hast, öffnest du deine Hand unmittelbar und der Hund darf das Leckerchen fressen. Wahrscheinlich wird er gar nicht großartig um Erlaubnis fragen, sondern sich sagen:

„Hey, deine Hand, Keks, nettes Wort, nette Stimmung. Natürlich nehme ich dieses leckere Ding!“

Das macht ihr dreimal in Folge. Freigabewort, Hand öffnen und dein Hund frisst das Leckerchen. Die Übung ist echt einfach und dein Hund wird hochgradig motiviert mitziehen. Nach dem dritten Durchgang hältst du deine Hand hin und statt deines Freigabeworts sagst du jetzt ein „Nein”, unmittelbar, bevor du die Hand öffnest. Ist deine Intensität hier schon stark, denkt er sich:

„Hui, was machst du denn da?”

Nimmt sich dein Hund zurück, kannst du ihm das Leckerchen durch ein erneutes Freigabewort geben. Lasse dieses vom Timing ertönen, sobald dein Hund die Alternative, wie etwa das Zurücknehmen des Körpers, zeigt.
Es kann aber auch sein, dass sich dein Hund sagt:

„Puh, die Intensität reichte mir hier nicht aus, dafür ist der Reiz zu groß!”

Der Hund versucht weiterhin, an den Keks zu kommen. In diesem Fall machst du eine Faust um die Leckerchen, sodass er nicht drankommt, nachdem du „Nein” gesagt hast.

Welche Art von „Nein" reicht aus? Das ist ein gutes Intensitätstraining für dich, denn später, wenn der Hund weit weg ist, hilft dir deine Faust nicht wirklich, wenn er von etwas ablassen soll, sondern das macht deine Stimme. Daher sollte das Nein das Ziel haben, dass es ausreicht, ohne dass du deine Faust verschließen musst.
Es kann passieren, dass wir „Nein!" so sanft aussprechen, dass es wie ein „Fein" klingt. Das klingt dann natürlich wie ein Lob und so wird der Hund denken:

„Ich verstehe nicht, warum ich es nicht fressen darf. Ich weiß nur, dass ich nicht drankomme, weil du eine Faust gemacht hast."

Hier lohnt es sich, den Fokus auf den inneren Wortlaut zu legen. Dafür hilft es, wenn du dir vorstellst, dass das, was du deinem Welpen gerade anbietest, etwas Giftiges ist, was er nicht fressen darf. Dann wirst du meistens automatisch ein bisschen strenger. Oder stell dir vor, dass dein Hund irgendwo auf eine Ampel oder eine Straße zuläuft. Das „Nein", das du dann rufst, sitzt, weil es sich gerade um eine ernste Situation handelt, vor der du deinen Hund natürlich schützen möchtest. Das darfst du bei diesem Training definitiv gerne ausprobieren.
Du kannst mit deiner Intensität ruhig spielen, um zu gucken, wie viel Dampf dein Hund braucht. Das zeigt dir der Hund letztendlich mit jeder Handlung. Wenn du „Nein!" sagst und eine Faust machst, kommt dein Hund nicht an das Leckerchen ran und er wird dir ein Alternativverhalten zeigen, ganz von sich aus. Er braucht kein „Sitz". Das würde ihn ohnehin aus der Übung rausholen. Stattdessen wartest du darauf, was dir dein

Hund anbietet. Meistens geht er einen Schritt zurück und guckt uns verdattert an oder er legt sich hin. Es ist eigentlich egal, was er macht. Alles, was sich von dieser Hand wegbewegt, ist gut.
Hat er mit einer entsprechenden Alternativhandlung reagiert, kannst du die Hand öffnen und ihm das Leckerchen mit dem Freigabewort freigeben. Dein Hund wird also für das richtige Verhalten bestätigt und das motiviert ihn definitiv, weiterzumachen und das Signal nächstes Mal erneut wahrzunehmen.
Vorsicht vor einer sogenannten Fehlassoziation: Dein Hund könnte, wenn du eine Faust machst und das Signal „Nein!" äußerst, für sich speichern, dass das beides zusammengehört und dass, wenn eins von beidem fehlt, er das Signal dann nicht umsetzen kann. Beachte also, dass du das „Nein" alleine gibst und erst danach und nur, wenn es nötig ist, die Hand zu einer Faust schließt.
Wenn du fleißig mit deinem Hund trainiert hast und er weiß, was „Nein!" bedeutet, wird es Zeit, das Ganze im Alltag zu generalisieren, denn er soll in jeder Situation auf dein Abbruchsignal oder Korrekturwort reagieren und nicht nur dann, wenn du entspannt mit Leckerchen vor ihm sitzt. Dazu kannst du die Leckerchen durch Gegenstände austauschen. Die klassischen Sachen, die du dafür benutzen kannst, sind Joghurtbecher. Wenn ich einen Joghurt esse, weiß mein Hündin Frau Meier, dass sie danach den Becher auslecken darf. Das kann man hervorragend für eine Nimm-Nein-Übung nutzen, damit Frau Meier zwischendurch pausiert, wenn sie ein „Nein" bekommt, und von dem Becher ablässt.
Das lässt sich wunderbar variieren. Es ist ein großer Vorteil, wenn dein Hund verschiedene Gerüche und Lebensmittel

kennenlernt, die von dir bestimmt werden, denn er lernt dadurch, dass du die Kontrolle darüber hast. Und es hilft, wenn dein Hund bei einem Spaziergang mit irgendetwas ankommt, was er nicht essen soll oder darf, dass du einen kontrollierten Abbruch durchführen kannst.
Das Problem ist nämlich, dass Hunde häufig bemerken, dass Frauchen oder Herrchen in so einer Situation panisch werden, denn wir wissen ja nicht, was gerade hinter dem Busch liegt und ob das ein Giftköder oder nur ein Stück Papier ist. Wir gehen also mit unserer Intensität hoch und sagen:

„Nein, lass das!“

Der Hund bemerkt die Unruhe und Stimmung und denkt sich:

„Lieber schnell abschlucken, sonst wird es mir weggenommen.”

Das ist genau das Gegenteil von dem, was wir erreichen wollen. Weite dein Training schrittweise auf euren Spaziergängen aus und trainiere es tatsächlich auch direkt im Gebüsch. Führe deinen Hund mal abseits des Weges und integriere eine Trainingssequenz, die dein Hund nicht von dir kennt. Er wird dich nämlich drollig angucken, wenn du plötzlich neben ihm irgendwo im Busch stehst, weil er sagt:

„Du bist noch nie hierhin mitgekommen.“

„Richtig, bisher hast du hier alleine geschnüffelt, aber dieses Training gilt auch hier. Das heißt, wenn ich hier „Nein“ sage, hat das die gleiche Bedeutung, wie wenn ich es bei uns im

Wohnzimmer sage.“

Teste verschiedene Kontexte und Abstände durch, denn wenn ein „Nein“ sicher funktioniert, hast du eine hervorragende Möglichkeit, deinen Hund auf Distanz kontrollieren zu können. Du kannst ihn sicher führen und ihm sehr viele Freiheiten geben.

21. Stresssituationen vor und auf dem Hundeplatz meistern

Meistens gehen wir auf den Hundeplatz und konzentrieren uns gedanklich nur darauf, was gleich in der Welpenstunde passieren wird. Allerdings gibt es bereits vorher oft kleine Problemchen, die einfach sehr stressig sind - sowohl für den Hund als auch für dich. Und zwar **bevor** ihr losfahrt, **während** der Fahrt und dann direkt **auf dem Hundeplatz.**
Deshalb bekommst du jetzt kleine Anleitungen für diese Fälle an die Hand.
Die Zeit in der Hundeschule soll euch Spaß machen. Häufig höre ich allerdings von Kunden, dass sie sagen:

„Hundeschule ist für mich wahnsinnig aufregend, wenn ich samstags um 11:00 Uhr auf dem Platz stehen soll. Da klappen die Übungen, aber bis ich am Hundeplatz angekommen bin, bin ich schon schweißgebadet ...“

Das ist natürlich nicht so schön. Und es ist wichtig, das zu thematisieren, denn ganz viele Hundehalter reden gar nicht darüber, weil es ihnen unangenehm ist, dass der Hund sich nicht so benimmt, wie sie es gerne wollen.
Übrigens Achtung! Es geht hier noch wirklich um Welpen, also um ein „Kleinkind“. Der Welpe kann noch nicht fertig erzogen sein – das dauert. Mach dir keinen Stress. Und si-

cherlich wird deine Hundeschule auch darauf eingehen, dass das zum jetzigen Zeitpunkt noch völlig in Ordnung ist. Dein Welpe muss nicht mit 12 Wochen perfekt leinenführig aus dem Wagen kommen und dann zu dir sagen:

„Ich warte ganz artig auf dich, bis du nach links und rechts geguckt hast, bis wir über die Straße gehen und auf den Platz kommen."

Der sagt eher:

„Hey, ich will zocken! Da hinten sind meine Kumpels!! Juhuuuu …"

Und biologisch betrachtet ist Letzteres sogar viel gesünder. Und er hat ja bereits entsprechende Erfahrungen gemacht. So hat er den Hundeplatz kennengelernt: zum Spielen mit seinen Artgenossen in guter Stimmung. Dass er da jetzt nicht einfach hinlaufen soll, ist für deinen Welpen an dieser Stelle paradox. Er verbindet es einfach schon mit viel Spaß und das ist auch gut so.
Das Problem ist aber natürlich, dass es für uns häufig sehr, sehr stressig ist. Und das ist das, was wir nicht wollen. Denn diesen Stress nehmen wir auf den Hundeplatz mit und übertragen ihn auf den Hund. Es entstehen also schnell die ersten Konflikte und ungewünschten Handlungsketten.

Vor dem Hundeplatz

Genau hier setzen wir jetzt an. Und zwar vor dem eigentlichen Training: Nämlich **bei dir zu Hause, bevor es mit deinem**

Welpen losgeht:
Pack einen Abend vorher schon die Taschen. Viele Hundehalter nehmen gerne noch ein bisschen Equipment mit auf den Hundeplatz. Zum Beispiel eine Kuscheldecke für den Hund, falls er zwischendurch eine Auszeit braucht, oder den Hundenapf deines Welpen.
Es gibt Kunden, die sagen:

„Mensch, ich möchte, dass er während dieser ganzen Spielzeiten oder der Arbeits- und Trainingszeiten zur Ruhe kommt."

Mit der Decke und seinem Napf kannst du deinem Welpen eine kleine Ecke einrichten, die er für Entspannungsphasen nutzen kann. Pack dafür alles ein, was du brauchst und womit du dich wohlfühlst.
Was du nicht mitnehmen solltest, ist das, womit dein Hund am liebsten spielt. Es gibt Hunde, die Ressourcen verteidigen, wenn ein anderer Welpe auch mal damit spielen möchte und es ihm wegnehmen will. Konfliktpotenzial also bitte zu Hause lassen.
Leckerchen, Geschirr, Halsband und Leine sollten natürlich auch nicht fehlen.

Während der Fahrt zum Hundeplatz

Dein Hund sollte gerne Auto fahren. Es gibt verschiedene Möglichkeiten, ihm zu vermitteln, dass er sich beim Fahren wohlfühlen kann. Es ist zudem wichtig, dass er während der Fahrt abgesichert ist, am besten in einer Transportbox im Kofferraum.

Achtung, Kofferraum! Ich rede von einem Kombi. Ich hatte einen Kunden, der seinen Hund in einem normalen Auto hinten im Kofferraum transportierte. Das geht natürlich nicht. Der Hund muss genug Sauerstoff zur Verfügung haben und er muss abgesichert sein, sodass ihm bei einem Unfall nichts passieren kann, und sodass er auch selbst keinen Schaden anrichten kann.

Ich weiß, du hättest ihn sicherlich am liebsten auf dem Schoß oder direkt bei dir, aber du tust allen einen Gefallen, wenn dein Hund abgesichert ist. Wenn der Hund einen Satz vom Beifahrersitz oder von der hinteren Sitzreihe nach vorne macht, kann es gefährlich werden. Hat er hingegen einen festen Platz und entspannt dort, so wird jede Autofahrt für ihn ein Kinderspiel.

Manchmal kommt es bei Welpen vor, dass ihnen während Autofahrten übel wird. Sie müssen sich aber erst mal an deinen Fahrstil und an die neue Umgebung gewöhnen. Plötzlich bewegt sich alles und das ist im Moment für den Welpen noch nicht greifbar. Schließlich ist es auch ein völlig unnatürliches Verhalten für den Hund, weil ein Auto eine künstliche Erfindung des Menschen ist. In der Natur ist das nicht vorgesehen und für deinen Welpen nicht logisch nachvollziehbar, sodass es zusätzliche Orte gibt, an denen das Gleichgewicht erst einmal „neu“ erlernt werden muss. Es kann folglich passieren, dass dein Welpe sich übergeben muss. Macht nichts - pack einfach 2-3 Rollen Küchenpapier ein. Schimpf nicht mit deinem Hund – keiner spuckt freiwillig - und reg dich nicht auf, sondern kalkuliere einfach mit ein, dass es passieren kann, und freue dich, wenn es nicht passiert.

Ankommen

Hast du deinen Hund sicher zum Hundeplatz gefahren, gibt es verschiedene Möglichkeiten, ihn aus dem Auto aussteigen zu lassen. Am liebsten würdest du sicherlich die Kofferraumklappe aufmachen und los – das sollten wir an dieser Stelle aber nicht tun.
Vorsicht! Hast du einen sehr aktiven Hund, der sich sagt:

„Ich will jetzt raus! Ich will da jetzt hin!“

du hingegen aber denkst dir:

„Ich muss aber konsequent sein. Ich öffne erst den Kofferraum, wenn der Hund sitzt. Das muss er erst tun, ein „Sitz“ durchführen, abwarten und erst nach dem Auflösesignal darf er raus.“

… wird sich bei euch beiden viel Frust aufbauen. Es ist zwar richtig, dass der Hund langfristig lernen sollte, dass er sich kontrolliert zurücknehmen bzw. abwarten kann, aber es ist ja auch so, dass du es derzeit mit einem Welpen zu tun hast, der gefühlsbetont durch seine Welt geht. Er kann tatsächlich noch nicht in dem Maße abwarten, wie wir es zukünftig wollen. Das ist ein Prozess, der Zeit bedarf.
Wenn das also dein Wunsch ist, kann tatsächlich viel Zeit zwischen Auto und Hundeplatz verstreichen, bis ihr zum Unterricht erscheint, wodurch du wiederum unter Stress gerätst. Bleib ruhig und schaue nach einer Alternativen, die in der Welpenzeit als Kompromiss dienlich sein kann, bis dein Welpe weitere Entwicklungsschritte abschließen konnte,

sodass er auch biologisch in der Lage sein wird, entspannt abzuwarten.
Wir müssen hier situativ individuell gucken und schauen, wie dein Plan aussieht. Der Plan könnte so aussehen:
Um 11:00 Uhr fängt die Welpenschule an. In der Welpenschule lernt der Hund Sozialkommunikation mit anderen Hunden, was enorm wichtig ist. Er lernt die ersten Erziehungsgeschichten wie „Sitz!“, „Platz!“, den Abruf, vielleicht ein bisschen Tierarzttraining. Du lernst etwas in Bezug auf die Lerntheorie.
Das heißt, diese Stunden sind Gold wert für euch beide. Fokussiere das, sodass du bestmöglich alles in den Stunden aufnehmen kannst und dein Hund ebenso.
Das bedeutet aber, dass wir das Umfeld so kreieren müssen, dass der Hund auch entspannt lernen kann. Dies kann er am besten, wenn er entspannt auf dem Hundeplatz ankommen kann und offen für Neues ist. Habt Ihr beide aber zuvor schon eine gute Viertelstunde ein Thema miteinander gehabt, eben, wie schnell springt man aus dem Kofferraum oder nicht, so kommen sowohl der Hund als auch du gestresst auf dem Platz an und meistens schaltet man nicht einfach ab, sondern trägt mindestens die erste Viertelstunde der Welpenstunde das Thema und die Stimmung mit sich herum. Das bedeutet, du und dein Hund, ihr seid nicht bei der Sache. Ihr fechtet gedanklich noch einiges im Auto aus. Eure Leistung wird sich dadurch verschlechtern. Das wäre schade. Aus diesem Grund ist die Fokussierung auf deinen Plan so wichtig.
Daher: Leine in einem solchen Fall den Hund im Auto an, trage den Welpen einfach aus dem Kofferraum heraus und setze ihn auf den Boden. Gehe zusammen mit dem Hund mit einem Lächeln im Gesicht auf den Hundeplatz und freue dich auf die

Stunde.
Jetzt kann es sein, dass du sagst:

„Na toll, der soll aber auch lernen, dass er brav zum Platz geht."

Das wird er auch. Du kannst dafür ein bisschen tricksen. Du erinnerst dich an unseren Trick beim Leinentraining, wo wir Geschirr und Halsband miteinander ausgetauscht haben. Ebenso kannst du das in diesem Fall durch ein bestimmtes Halsband signalisieren, mit dem immer trainiert wird. So lernt dein Hund, sich daran zu orientieren, denn er sieht hier deine Konsequenz. Das klappt übrigens auch mit einem Halstuch

ganz hervorragend. Da musst du natürlich nur beim Spielen aufpassen, dass sich die Welpen darin nicht verheddern. Das sind alles kleine Tipps, durch die du ihm signalisierst:

„Wenn du dieses Accessoire trägst, dann bin ich zu 100 Prozent bei dir. Jetzt wird trainiert."

Wenn das klar ist, wenn dieses Training abgeschirmt ist, dann kann es sich auch irgendwann erfolgreich in den Alltag übertragen. Erwarte jedoch bitte noch nicht von einem Welpen mit ein paar Wochen, dass er sagt:

„Natürlich weiß ich, wie ich mich zu benehmen habe. Und das werde ich jetzt auch immer tun. Das ist total egal, ob da viele andere Kumpels auf mich warten oder spielen oder fressen oder irgendwas. Ich warte auf deine Ansage und setze diese immer um."

Das ist ein bisschen so, wie wenn wir mit Kindern ins Disneyland fahren und ihnen dann sagen:

„So, und jetzt machen wir Mathe-Hausaufgaben."

Das wird nicht funktionieren. Also gib dir und deinem Hund an dieser Stelle Zeit. Er wird es lernen, aber alles zu seiner Zeit und alles priorisiert. Wir haben Zeit!
Wie gesagt: Nach der Unterrichtsstunde kannst du das Halsband wieder wechseln. Meistens ist der Rückweg zum Auto entspannter als der Hinweg, weil sich der Hund ausgepowert hat. Wenn du weißt, dass „Sitz!" funktioniert, dass „Sitzen bleiben!" funktioniert, dass das Auflösewort funktioniert,

dass das Entspannt-im-Auto-Fahren funktioniert, dann kannst du diese Teilübungen aneinanderreihen und von deinem Hund Stück für Stück immer mehr verlangen. Dass er zum Beispiel mal sitzen bleibt, bis die Kofferraumklappe aufgeht.

Bleib dabei aber entspannt und im Zeitmanagement des Hundes und nicht in deinem eigenen, auch wenn es dein Wunsch ist, den Hund so schnell wie möglich für draußen fähig zu machen. Du wirst erfolgreicher vorankommen, wenn du dich an das Tempo und die Grenzen deines Welpen hältst.

22. Schritt für Schritt deinen Welpen ans Autofahren gewöhnen

Viele Hunde finden es aufregend, ins Auto zu steigen oder darin gefahren zu werden. Besonders wenn sie noch so klein sind. Warum das so ist?
Am Anfang sind die Hunde noch bei ihren Geschwistern und ihrer Mutter. Alles ist vertraut und bekannt, aber plötzlich kommen wir, tragen den Hund in ein „großes Gerät", was laute Geräusche macht und sich bewegt, und fahren damit in sein neues Leben.
Der Hund hat mit einem Auto aufregende Assoziationen und folglich ist er in den meisten Fällen während der Fahrt aufgeregt. Und es gibt Hunde, die sagen nach 2-3 Fahrten im Auto:

„Da steige ich nicht mehr ein. Das finde ich zu gruselig."

Diese Einstellung können wir optimieren, indem wir den Hund langsam an das Auto und an die Fahrten gewöhnen. Parke deinen Wagen direkt bei dir zu Hause, und zwar so, dass die Türen und die Kofferraumklappe geöffnet sind und dein Hund frei drumherum laufen kann. Dann positionierst du ein paar Leckerchen/ein Spielzeug im Auto. Davon wird dein Hund angelockt und ist motiviert, weil er die natürlich fressen oder damit spielen möchte. Dieser einfache Trick trägt dazu bei, dass er das Auto schon viel positiver wahrnimmt.

Es gibt Hundehalter, die ihren Hund auch im Auto füttern und dort seinen Hundenapf hineinstellen. Das ist tatsächlich eine gute Möglichkeit, das Ambiente Auto für deinen Hund positiver zu gestalten.
Mit den nächsten Schritten beginnst du, wenn die beschriebene erste Übung für Entspannung gesorgt hat. Du setzt dich mit ins Auto und benutzt aktiv den Anschnallgurt, damit dein Hund das Ritual und das Klacken kennenlernt. Das wird für ihn in Zukunft das Zeichen sein:

„Aha, gleich geht es los! Und gleich wird auch der Motor gestartet."

Das kannst du mehrfach entspannt durchspielen. Zudem

kannst du ihn durch einen **zweiten Rückspiegel**, den du im Kofferraum aufstellst, beobachten. Das ist wirklich praktisch, denn dadurch hast du Kontakt zu deinem Hund. Das vereinfacht es dir, wenn du ihm beibringst, auf deine Signale „Sitz!" oder „Platz!" im Auto genauso zu hören wie draußen.
Das wird eine spannende Sache, denn dein Hund lernt ja mit dir das „Sitz!" und „Platz!" in sämtlichen anderen Kontexten, aber im Auto sitzt du plötzlich vorne und guckst ihn vielleicht nur durch den Rückspiegel an - das hast du so nicht trainiert. Dein Hund sitzt hinten im Kofferraum, du siehst nur sein Schwänzchen wedeln und er setzt die Signale nicht um, sondern sagt sich:

„Nein, nein. Diese Übung haben wir hier so nicht gemacht."

Ich würde dir empfehlen, bevor du mit deinem Hund richtig losfährst, nur eine erste Runde um den Block zu drehen und zu testen, ob er deine Signale im Auto aufnimmt und umsetzt. Das müssen keine langen Intervalle sein. Das Schöne ist, dass du dadurch die Möglichkeit hast, ihn auf Dauer - und ich rede jetzt von den nächsten Monaten - mit Training dahin zu bringen, dass du im Auto vom Fahrersitz bis nach hinten in den Kofferraum Signale geben kannst, die er ganz selbstverständlich und gerne umsetzt.
Wenn dir dabei der/mehr Blickkontakt fehlt, hilft ein zweiter Spiegel.
Du musst natürlich nicht erst „Sitz!", „Platz!", „Hier!" und alles Mögliche im parkenden Auto trainieren, bis es sitzt und du den Motor starten darfst. Allerdings solltest du darauf achten, dass du deinen Welpen nicht überforderst. Also setz ihn nicht einfach rein, steig dazu, schnall dich an, schmeiß das

Radio und die Scheibenwischer an und los. Das solltest du vermeiden. Dein Hund darf Stück für Stück gewöhnt werden. In der Gewöhnungsphase kann es helfen, deinem Welpen etwas zum Kauen oder Spielen mit in den Kofferraum zu geben. Kauartikel sollten bitte so gewählt werden, dass er sich nicht verschlucken kann. Der Vorteil: **Kauen baut Stress ab.** Das kennst du vielleicht schon: Wenn dein Hund dir mit Pantoffeln im Maul entgegenkommt, wenn du nach Hause kommst, ist es nicht unbedingt eine freundliche Geste von ihm, denn durch dieses Festhalten, Beißen und Tragen baut er auch Stress ab. Und für das Training im Auto kannst du diesen Effekt gut nutzen.
Du kannst natürlich überlegen, ob du deinem Hund diesen tollen Kauknochen nur gibst, wenn ihr Auto fahrt. So bekommt der Knochen im Auto für deinen Hund eine ganz besondere Bedeutung.

„Das ist super. Wenn ich hier im Kofferraum bin, kann ich mich entspannen. Ich kann auf diesem Ding herumkauen und alles andere vergessen."

Und dadurch bist auch du entspannter und glücklich, wenn du weißt, dass es deinem Hund gut geht.
Es gibt verschiedene Möglichkeiten, wie du deinen Welpen ins Auto bekommst. Es gibt praktische Laderampen speziell für Hunde. Die kannst du gerne ausprobieren. Eine Rampe sollte auf jeden Fall so breit sein, dass dein Hund links und rechts nicht herunterkippeln kann. Auch hier gilt: Dein Hund bestimmt das Tempo.
Du kannst es dir auch etwas leichter und deinem Hund verlockender machen, indem du auf diese Rampe eine Lecker-

chenstraße legst. Die kann er dann langsam auffressen, bis er, oben angekommen, eine Super-Belohnung im Kofferraum findet.
Versuche zu unterbinden, dass dein Hund von links oder rechts auf die Rampe springt. Erstens ist das langfristig nicht gut für seine Knochen und Gelenke, wenn es unnötig provoziert wird. Zweitens besteht eine akute Verletzungsgefahr, falls dein Hund ungünstig neben der Rampe aufkommt oder davor springt, weil er vielleicht die Höhe nicht richtig eingeschätzt. Deshalb ist ein sauberes Aufgehen von unten nach oben sinnvoll.
Wenn du keine Rampe hast oder keine Rampe willst, ist das auch kein Problem. Dann kannst du zu Beginn den Hund ins Auto heben und das mit einem kleinen Trainingsritual verbinden. Die Voraussetzung wäre hierfür, dass dein Hund „Sitz!“ kann.
So ist die Übung aufgebaut: Du stehst mit deinem Hund vor dem Kofferraum und er bekommt von dir das Signal „Sitz!“. Öffne in Ruhe die Kofferraumklappe. An dieser Stelle ist Vorsicht gefragt: Ich habe schon von Fällen gehört, wo die Hunde gegen die Klappe gesprungen sind, und das sollte nicht passieren. Die Klappe sollte nicht Zeichen für das Hochspringen werden. Wenn du deinen Hund mit einem „Sitz!” fixierst, schützt du ihn an dieser Stelle.
Dein Hund sitzt, die Klappe geht in Ruhe auf und du wartest einen kurzen Augenblick. Du darfst alles Mögliche tun. Wichtig ist, dass eine Pause entsteht zwischen dem Öffnen des Kofferraums und dem Hineinlassen des Hundes, damit es an dieser Stelle nicht zu einer Fehlverknüpfung kommt und der Hund zu früh springt und sich verletzt.

Nach einer kurzen Pause nimmst du deinen Hund hoch und trägst ihn in den Kofferraum. Wie immer gilt beim Tragen: eine Hand stützend unter seinem Popo.
An dieser Stelle kannst du überlegen, ob dein Hund im Kofferraum auch noch einmal „Sitz!" machen soll oder, wenn er es schon kann, ein „Platz!", um ihn zu fixieren, damit du in Ruhe die Klappe verschließen kannst.
Hier könnte ein kleines Problem entstehen. Die Frage ist nämlich: Wie weit beherrscht dein Hund schon sein Auflösesignal? Wenn du zum Beispiel einkaufen gehst und 20 Minuten im Laden bist, hast du keine Kontrolle darüber, ob dein Hund tatsächlich die ganze Zeit das richtige Signal ausführt. Und die Frage ist auch: Will er das und willst du das?
Es gibt jetzt zwei Möglichkeiten:
Entweder setzt du ihn in den Kofferraum, gibst ihm das Signal „Sitz!", machst die Klappe zu und löst ihn mit deinem Auflöse-

signal auf. Damit ist die Kuh schnell vom Eis. Das bedeutet, er kann jetzt im Kofferraum machen, was er will.
Oder du sagst:

„Ich möchte schon, dass er im Kofferraum machen kann, was er will, aber ich habe keine Lust, immer das Auflösewort zu geben."

Das kannst du umgehen, indem du ihm ein zweites „Sitz!" beibringst. Das wird genauso antrainiert wie das „Sitz!", was du schon mit ihm trainiert und geübt hast. Und das kannst du mit einem anderen Signal verknüpfen wie zum Beispiel „Auf die Seite!".
Auch hier lernt dein Hund wieder, eine Handlung mit einem Signal zu verknüpfen. Das Einzige, was du jetzt nicht machst im Vergleich zum ersten „Sitz!": Du bringst ihm kein Auflösesignal bei. Es geht nur um die reine Handlung des Hinsetzens und das darf er frei auflösen.
Er speichert für sich ab: Bei einem „Sitz!" gehört ein Auflösesignal dazu, bei einem „Auf die Seite!" darf ich das Ende selbst bestimmen. So bist du konsequent bei deinem „Sitz!" und verspielst es dir nicht dadurch, dass du es in der Autosituation oder in anderen Situationen nicht im gleichen Maße kontrollieren kannst. Auf diese Weise bringst du deinem Hund bei, kontrolliert in das Auto zu kommen und auch kontrolliert drinnen zu verweilen.
Beim Rausgehen kannst du es ähnlich machen. Du kannst erst durch den Kofferraum ein „Sitz!" einfordern und erst dann die Kofferraumklappe öffnen. Wenn du, wie gesagt, einen impulsiven Hund hast, dann ist es nicht sinnvoll, hier jetzt ein Training zu gestalten, weil das an dieser Stelle zu aufreibend

für den Welpen wäre.
Liegt dein Hund entspannt hinten im Kofferraum und sieht dich durch die Scheibe, dann kannst du gerne ein „Sitz!“ von ihm fordern und dann in Ruhe die Klappe öffnen. Entweder geht er dann über die Rampe raus oder du trägst ihn aus dem Kofferraum. So oder so findet es jedoch unter einer guten Signalkontrolle statt.
Wenn du deinen Hund rausgeholt hast und er im „Sitz!“ ist, solltest du ihn, wenn er noch klein und jung ist, am Halsband oder am Geschirr packen. Es ist wichtig, dass du ihn durch eine Leine unmittelbar absicherst, denn es wäre nichts schlimmer, als wenn der Welpe losläuft und möglicherweise auf einem Parkplatz unter das nächste Auto läuft. Erst nachdem du ihn abgesichert hast, machst du die Kofferraumklappe zu.

23. Hundehalter vs. Nicht-Hundehalter.

Ein kleiner Hundeknigge

Wir Hundehalter sind schon ein besonderer Club. Und in Deutschland leben mittlerweile einige Millionen Hunde. Das ist ganz schön viel. Und die Beliebtheit des Hundes steigt von Jahr zu Jahr. Das ist toll!
Das führt aber zu Problemen im Alltag. Nicht nur zwischen Hundehaltern, sondern auch häufig mit Nicht-Hundehaltern. Beide Versionen - Leben mit und ohne Hund - müssen friedlich zusammenleben. Und dazu müssen wir Hundehalter eben auch ein paar Regeln beherzigen. Der Ruf, den wir genießen, ist nicht immer der Beste.
Viele Leute beschweren sich beispielsweise darüber, dass die Hinterlassenschaften, die unsere Hunde auf dem Bürgersteig lassen, liegen bleiben. Das geht natürlich nicht. Das bedeutet: Kotbeutel solltest du immer griffbereit haben. Geh lieber nicht ohne aus dem Haus, denn die Hinterlassenschaften deines Hundes macht der Bürgermeister nun mal nicht weg.
Wenn ich die Haufen meiner Hunde wegmache, höre ich immer wieder Spaziergänger, die sagen:

„Ach, das finde ich aber nett und gut, dass Sie das machen!"

Damit Hund und Mensch zusammen in dieser Welt klarkommen, gehört Rücksichtnahme einfach dazu.
Genauso rücksichtsvoll sollten wir sein, wenn wir einen

freilaufenden Hund haben. Dein Welpe macht seine ersten Erfahrungen ohne Leine, es klappt alles harmonisch und dann kommt dir ein Hundehalter mit Hund an der Leine entgegen. Sei hier so rücksichtsvoll und nimm auch deinen Welpen an die Leine. Es hat einen Grund, warum der andere Hund an der Leine ist. Entweder will der Hundehalter ihn einfach nicht frei laufen lassen oder er kann nicht frei laufen. Das könnte dadurch bedingt sein, dass zu viele läufige Hündinnen unterwegs sind. Es könnte sein, dass der Hund krank ist. Es könnte sein, dass der Hund nicht so nett zu anderen Hunden ist. Und wenn jetzt dein Welpe freudig erregt auf den anderen Hund zustürzt, kann es sein, dass das bei dem anderen Hund zu einem Aggressionsproblem führt und er extrem unentspannt ist. Ebenso in Folge sein Hundehalter und letztlich auch du. Ein Teufelskreis entsteht.

Das bedeutet: **Sei rücksichtsvoll!** Und wenn dir jemand mit Leine entgegenkommt, ruf deinen Hund zu dir, leine ihn an und mach ein tolles Spiel mit ihm. Das ist ganz wichtig, dass hier die Stimmung nicht kippt. Wenn der andere Hundehalter mit seinem Hund in einem großen Abstand an dir vorbeigegangen ist, kannst du deinen Welpen auch wieder losmachen. Es ist sogar eine ganz gute Übung für den Hund. Er lernt mit und ohne Leine a) auf dich zu reagieren und b) mit dir Spaß zu haben. Das ist eine hervorragende Grundlage, denn so sieht dein Hund das Anleinen nach dem Freilauf auch nicht als Strafe.

Gerade in der Welpenzeit wirst du deinen Welpen, so gut es geht, überall mit hinnehmen und integrieren. Aber ganz wichtig: Behalte deine Umwelt im Auge. Das bedeutet: Lass nicht jeden Kontakt zu anderen Hunden oder Menschen zu. Ganz besonders, wenn diese das nicht wollen und beispielsweise

ihre gute weiße Hose anhaben - der Klassiker - und dein Hund doch noch das eine oder andere Mal dazu neigt, Menschen anzuspringen – Probleme sind da vorprogrammiert.
Sei auch in Geschäften rücksichtsvoll. Lass dem Hund nicht die gesamten zwei Meter Laufleine. Die kann sich schnell mal um so einen Postkartenständer wickeln. Dadurch wird erstens der Hund erschreckt und zweitens sollte dein Hund immer herzlich willkommen sein.
Achte auch darauf, dass er bei dir bleibt. Testen kannst du das sehr gut, wenn die Geschäfte leer sind. Such dir Zeiten aus, an denen wenig los ist, um euren Städtetrip zu trainieren und zu testen.
Auf gar keinen Fall ist samstagvormittags die Fußgängerzone zu empfehlen. Das überfordert deinen Hund. Der kann irgendwann nicht mehr und wird Stressanzeichen zeigen. Und ein bisschen Ärger und Knatsch ist vorprogrammiert.
Trainiere lieber in kleinen Sequenzen und plane diese gut durch. Wenn es dein Ziel ist, 5-10 Minuten mit dem Hund in der Stadt zu bleiben, plan ruhig eine Stunde Zeit dafür ein, denn Pannen werden und dürfen passieren. Diese sind aber leichter zu ertragen, wenn man nicht unter Zeitdruck steht.
Wichtig ist: Der Hund wird immer mit guter Laune von dir trainiert. Je entspannter dein Hund ist, desto besser wird er sich benehmen. Seid ihr in den Geschäften, achte darauf, dass er in der Nähe bleibt und Kontakt zu dir sucht. Verstärke dies. Es ist immer wieder schön, wenn er trotz der vielen Ablenkungen gedanklich oder auch mit dem Blick erst einmal nur bei dir ist und eben die anderen Leute nur beiläufig wahrnimmt.
Wenn du bewusst Kontakt wünschst und eine nette Person entdeckst, mit der du prima „trainieren" kannst, dass sich dein

Hund an andere, fremde Personen gewöhnt, dann kannst du deinem Hund mit einem Freigabewort erlauben, zu dieser Person zu gehen. Dadurch gewöhnt sich dein Hund von Anfang an daran, dass du die Erlaubnisgeberin oder der Erlaubnisgeber bist:

„Ja, du darfst da hingehen. Jetzt darfst du schnuppern. Jetzt darfst du dich streicheln lassen."

So bleibt der Hund automatisch mit dir im Dialog, da er konsequent lernt, dass das Feedback durch dich kommt.
Und dann kann es auch nach dem ersten Geschäft auf die nächste Parkbank gehen. Du kannst hier eine Decke mitnehmen, den Hund auf die Decke legen und er kann sich hier entspannen. Wenn es auf der Parkbank gut klappt, dann steht im Sommer auch nichts mehr im Wege, den Hund mit in den

Biergarten zu nehmen. Und so gewöhnst du ihn Schritt für Schritt an eine gute Umgangsform. Du lernst, dich sehr gut in der Öffentlichkeit mit deinem Hund zu präsentieren.
Du wirst merken, auf wie viel Wohlwollen du stößt. Ein gut geführter Hund ist ein gern gesehener Hund. Und dadurch steigt natürlich auch die Freundschaft von Nicht-Hundehaltern gegenüber Hundehaltern. Danke für deinen aktiven Beitrag.

24. Die Übung „Platz" als Vertrauensbeweis

Wir kümmern uns nun um das Signal „Platz". Du denkst jetzt bestimmt, huch, warum taucht es erst jetzt auf der Tagesordnung auf? Das hat den einfachen Grund, dass sich viele Hunde gar nicht so gerne auf Signal hinlegen, wenn sie noch klein und erst einige Wochen bei uns sind. Das heißt, dieses Signal bedarf etwas Zeit und Vertrauen.

Viele Hunde legen sich nicht gerne hin, wenn sie sich nicht sicher fühlen. Im Liegen verkleinern sie ihre eigene Position und machen sich vermeintlich noch kleiner und angreifbarer. Das ist die Position, in der sie sich am schlechtesten wehren könnten.

Stelle dich darauf ein, dass du länger benötigen könntest, um

deinem Hund das Signal „Platz“ anzutrainieren, als es beim Signal „Sitz“ gedauert hat. Wie auch sonst spielt es bei dem Signal „Platz” eine große Rolle, dass der Hund entspannt ist und nicht aus und mit Druck heraus auf dem Boden liegt.
Und nun heißt es wieder: Zielformulierung, aber positiv. Meine Definition sieht so aus, dass mein Hund unter jeglicher Ablenkung auf mein Signal hört. Er legt sich, wenn er das Signal „Platz“ hört. Das bedeutet eben auch nicht nur neben mir, sondern mögliche 200 Meter weit entfernt, weil er es gerade dort hört, solange, bis ich ihn wieder auflöse.
Um einen Hund ins „Platz!” zu kriegen, gibt es verschiedene Möglichkeiten. Ich stelle dir jetzt eine vor, die du gerne ausprobieren kannst.
Nutze das bereits bekannte „Sitz“ als Ausgangsposition. Anschließend kniest du dich zu deinem Hund hinunter, dockst ein weiteres Leckerchen vorne an seine Schnauze und führst mit der Leckerchenhand den Hund langsam zum Boden, und zwar, bis er unten angekommen ist.
Wichtig: Gestalte alles komplett in Ruhe. Mache keine hektischen Bewegungen, weil es dann zu schnell für den Hund wird und er nicht mehr folgen mag:

„Huch, das war aber eine schnelle Handbewegung.”

So guckt er aus dem Sitzen heraus runter, aber verspürt selbst nicht die Eigenmotivation, sich tatsächlich hinzulegen. Aus diesem Grund mache langsame Bewegungen und er wird dem Geruch mit seinem Körper folgen.
Achtung: Du musst mit der Hand ein bisschen jonglieren, je nachdem, welchen Hund du hast! Bei manchen Hunden klappt es ganz gut, wenn man die Hand ein bisschen anwin-

kelt. Dann gehen die Hunde schon direkt in die Platzposition. Am besten probierst du es einfach aus zwischen „ganz gerade runter", „ein bisschen anwinkeln" oder auch „stärker anwinkeln". Wenn der Hund unten auf dem Boden angekommen ist, bekommt er natürlich das Leckerchen, weil das die Position ist, in der ich ihn liegen haben möchte.

Er liegt auf dem Boden und hat das damit erst einmal richtig gut gemacht: Beende damit die Übung. Trainiere das ruhig ein paar Tage, bis für den Hund klar ist:

„Alles klar. Sie kommt mit dem Leckerchen, dockt es an, danach geht die Hand nach unten, ich liege. So bekomme ich mein Leckerchen."

Als Ergebnis wirst du sehen, dass der Hund sich immer schneller hinlegt. Das ist ein Zeichen dafür, dass er es verstanden hat und weiß, worum es geht. Dann wird es höchste Zeit, wieder einmal das Signal einzuführen. Du kennst das Muster bereits. Erst nennst du das neue Wort, dann zeigst du den Handlungsauslöser für das Hinlegen.
Klappt das, ist es sinnvoll, die Leckerchen auszuschleichen. Achte auf deine Körpersprache, momentan ist es so, dass du noch mit in Richtung Boden gehst.

Manche Hunde, gerade kleine Hunde, brauchen jetzt richtige Unterstützung von dir, sodass du selbst mit deinem Körper Richtung Boden mitgehst - aber du willst die nächsten Jahre natürlich nicht dauernd in dieser Hexenschussstellung sein und deinen Hund so ins „Platz!" bekommen, oder? Nein, natürlich nicht. Das bedeutet, du arbeitest ab jetzt daran, dass du immer weiter mit dem Oberkörper hochkommst, dass du wirklich stehen bleiben kannst und sich der Hund letztlich nur noch auf das Signal „Platz!" hinlegt und sich sagt:

„Alles klar! Ich weiß, was gemeint ist. Ich lege mich hin und kassiere mein Leckerchen."

Wenn die Übung mit dem Runterziehen nicht klappt, ist das auch gar kein Problem. Hat der Hund genug Vertrauen zu dir, darfst du auch gerne den sogenannten Tunnel nutzen. Dazu kniest du dich hin und streckst ein Bein nach vorne aus, sodass eine Lücke zwischen deinem Schenkel, deinem Bein und dem Boden zu sehen ist. Durch diesen „Tunnel" kannst du deinen Hund durchlocken. Dadurch, dass nicht so viel Platz ist,

wird der Hund sich automatisch hinlegen und durchkriechen. Das kannst du schon mal bestätigen. In den nächsten Schritten bestätigst du jedoch nicht das Durchkriechen, sondern du pausierst mit dem Leckerchen, wenn der Hund genau zwischen deinen Beinen liegt. Das wird die Bestätigung. Das ist das „Platz!", wofür es das Leckerchen gibt. Dann kann dein Hund alleine wieder aus der Position raus bzw. du kannst die Beine wegnehmen und die Übung ist vorbei.
Für beide Übungen gilt: Alles entspannt und spaßig gestalten, damit der Hund ohne Angstverhalten mitmacht.

25. Aggressionen, ihre Formen und wie du unterstützend eingreifst

Aggression ist ein ganz, ganz wichtiges Thema. In den Köpfen ist das Wort verständlicherweise mit etwas Negativem verbunden. Bellende Hunde, angreifende Hunde, Hunde, die möglicherweise deinen Hund attackieren und verletzen. Alles das sind Dinge, vor denen wir als Hundehalter Angst haben. Wir müssen allerdings beachten, dass Aggressionen ein ganz normales Verhalten von Hunden sind. Es dient der Kommunikation. Ein Hund kann nicht sagen:

„Hör mal auf, komm mir nicht so nah, sondern halte bitte einen gebührenden Abstand. Vielen Dank!"

Das klappt verbal nicht und deshalb muss er seinen Körper dazu einsetzen und das tut er auch. Das Wichtige ist, dass er das lernt, wenn er noch klein ist. Und wir als Hundehalter sollten einen guten Weg finden, damit umzugehen.
Ich selbst bin so erzogen worden:

„Mensch, sei mal schön leise! Man muss nicht immer eine große Klappe haben. Und laut ist einfach unangenehm."

Bellende Hunde, lautes Verhalten und Aggressionen erschrecken und lösen bei uns ein negatives Gefühl aus und wir wollen einfach schnell wieder aus der Situation herauskommen. Bei Hunden sieht das allerdings anders aus. Sie werden gewisse Aggressionen zeigen, denn sie müssen sie zeigen, weil sie sonst nicht überleben würden. Das bedeutet, sie nehmen keine Rücksicht auf uns Menschen und sagen nicht:

„Oh, Entschuldigung, es gefällt dir nicht, was ich mache. Dafür habe ich großes Verständnis und werde es sofort einstellen."

Das funktioniert so nicht, ganz im Gegenteil. Umso weniger wir es jedoch lenken, wenn es passiert, desto mehr nimmt sich der Hund diese Möglichkeit raus. Allerdings tut er das dann

nicht, um uns bewusst zu ärgern, sondern weil es geht und er es als nützlich einstuft.
Allerdings können Aggressionen nicht einfach in einen Pott geschmissen werden, sondern müssen unterteilt werden. Es gibt nämlich verschiedene Aggressionsstufen. Die sind ganz wichtig und biologisch gesund und die sollte auch jeder Hund zeigen können. Diese Formen lernt er in Interaktion mit anderen Hunden kennen. Deshalb ist das Spielen in der Welpenschule so wichtig, weil sie dort ihre „Werkzeuge" schärfen und austesten können.

Aggressionsverhalten lässt sich in verschiedene Stufen einteilen. Einige Wissenschaftler ordnen das Imponierverhalten dazu ein, andere nicht. Der Vollständigkeit halber nehme ich es hier mir auf.

Imponierverhalten

Imponierverhalten, als unterste Stufe, sieht immer ein bisschen angeberisch aus. Läuft dein Hund durch die Straße und sieht einen anderen Hund, versucht er ihm möglicherweise Folgendes zu vermitteln:

„Ich bin Brutus, ich bin drei Jahre und ich bin schön."

Jetzt ist die Frage, wie sein Gegenüber reagiert. Es kann sein, dass der sagt:

„Schön für dich! Ich heiße Titus, ich bin zweieinhalb Jahre und ich bin viel schöner."

Dann haben wir eine Patt-Situation mit zwei Rüden, die durch dieses Imponieren ihre eigenen Stärken präsentieren wollen. Damit wünschen sie sich, dass der andere das akzeptiert und Abstand hält.
Das ist nämlich der eigentliche Grund von Aggression: Jemand anderen auf Abstand zu halten. Das ist ein ganz cleverer Gedanke, der dahintersteckt. Das lässt sich auch am optischen Ausdrucksverhalten erkennen, die Hunde gehen in solchen Fällen recht hölzern, weil sie sich präsentieren wollen. Ihre Energie stecken sie in ihr äußeres Erscheinungsbild. Ihre Rute geht nach oben, die Taktung des Wedelns ist ein bisschen so wie bei einer Königin, wenn sie die Hand hebt und winkt. Der Kopf wird hochgetragen, manchmal stellen sie ihre Nackenhaare auf und meistens berühren sich die Hunde bei diesem Verhalten nicht.
Beim Imponieren kann eine sogenannte T-Stellung zu sehen sein. Da steht der im Augenblick stärkere Hund - oder der Hund, der sich für stärker hält - dem anderen als Balken gegenüber und versperrt ihm den Weg. Er bewegt sich langsam und hat durch sein Auftreten eine besondere Präsenz, denn das ist das Ziel: durch Präsenz an Raum zu gewinnen. Wenn das der andere Hund akzeptiert, wunderbar, dann entspannen sich die Hunde meistens schnell wieder, weil damit für den Augenblick alles geklärt ist. **Wichtig:** Für den Augenblick. Eine feste Ordnung hat sich durch eine kurze Begegnung nicht gebildet. Das passiert nur in einer ganz stabilen Gruppe. Begegnen sich diese fremden Hunde wieder, kann es beim nächsten Mal anders oder aber genauso verlaufen. Liegt zum Beispiel eine Patt-Situation vor, fühlen sich beide Hunde ganz stark. Da müssen wir als Halter am besten mit unserem Hund in eine andere Richtung weiter, denn oft geht es sonst

in „Drohstufen" über.
Vielleicht kennst du das Imponierverhalten auch in Situationen, wenn ein Rüde einer Hündin imponiert. Hier geht es (meistens) nicht um eine Distanzvergrößerung, sondern das Interesse liegt eher darin, sich als potenzieller Papa der nächsten Welpen vorzustellen. Folglich ist die Art des Imponierens nicht unter Aggressionsverhalten einzustufen.

Diese zwei Drohstufen lassen sich unterscheiden:

Es gibt das defensive Drohen und das offensive Drohen.

Beim **defensiven Drohen** ist die Motivation des Hundes Angst. Er verteidigt sich durch sein Drohverhalten, hat aber eigentlich gar keine Lust, diesen Kampf auch auszufechten. Dass er „angstmotiviert" ist, kannst du in seinem optischen Erscheinungsbild erkennen. Er macht sich klein oder duckt sich und sein Körperschwerpunkt liegt nicht vorne, sondern hinten. Er ist fluchtbereit. Seine Ohren sind meistens nach hinten gezogen, die Rute ist oftmals unter dem Po zu erkennen.
Ein offensiv drohender Hund fühlt sich hingegen sicher und das präsentiert er auch. Er ist sich seiner Stärke bewusst und das spiegelt sich in seinem optischen Ausdrucksverhalten wider: Seine Ohren sind nach vorne gerichtet, alles ist auf den Gegner gerichtet, sein Körperschwerpunkt liegt vorne und er ist bereit, nach vorne zu gehen und anzugreifen.

Im Alltag ist es nicht immer so einfach zu unterscheiden: Es gibt viele Mischformen und für uns Hundehalter ist es nicht so leicht zu erkennen, was jetzt gerade genau gezeigt wird. Mal geht ein offensiv drohender Hund nach vorne, mal nach hinten, mal ist das Ohr oben, mal doch weiter unten, und, und, und. Es sind ganz, ganz feine Nuancen, die wir nicht immer sofort und schnell erkennen können. Je besser du deinen Hund kennenlernst, desto besser wirst du es deuten können.
Ein kleiner Tipp: Wenn dein Welpe andere Hunde kennenlernt oder beim Spaziergang auf Artgenossen trifft, filme das ruhig mal, um sein Verhalten aufzunehmen. Am besten mit einer Kamera, bei der du Slow-Motion einstellen kannst, denn da sieht man unheimlich viel Hundeverhalten und ganz viele Feinheiten, denn der Körper deines Hundes und seine Körpersprache verändert sich wirklich innerhalb von Sekunden und vor allem immer in der jeweiligen Interaktion, in der er gerade mit anderen Hunden steckt.
Es ist ziemlich spannend, denn wie gesagt: Dieses Drohverhalten kann unheimlich hin- und herspringen, besonders bei einem unsicheren Hund, der sich zuerst in einer Konfrontation sicher fühlt und dann auf einmal nicht mehr. Der wechselt

natürlich häufig das Gesicht, die Mimik, die Gestik, die er hat. Das ist sehr spannend zu beobachten.
Bei Drohverhalten wird auch vokalisiert. Also nicht wundern, wenn dein Hund plötzlich knurrt oder bellt. Das darf er und das gehört einfach dazu. Das heißt nicht, dass das alles schlimm und dramatisch ist. Es heißt einfach nur, dass er durch seine Akustik mitteilt:

„Hör auf damit!"

Manche Hunde knurren mehr, manche weniger. Es gehört für sie dazu, zu lernen, wie sie das Knurren einsetzen. Das ist ein ganz normaler Prozess, damit sie sich im Notfall auch zur Wehr setzen können.

Die zwei Formen des Angriffs: Gehemmter vs. ungehemmter Angriff

Wenn alle Drohungen nichts nutzen, dann wäre der nächste Schritt der Angriff.
Wir haben auch hier zwei Angriffsmöglichkeiten, einmal den ungehemmten und einmal den gehemmten Angriff.
Beim gehemmten Angriff beißen Hunde gehemmt zu. Sie schauen, je nach Kontext und „Gegner", was sie zu geben und zu investieren bereit sind. Sie geben nur das, was wirklich nötig ist, um sich zu verteidigen.
Beim ungehemmten Angriff sieht das Ganze schon anders aus, da ist der Hund wirklich bereit, aufs Ganze zu gehen, im schlimmsten Fall tatsächlich bis zum Tod.
Jetzt ist die Frage, wo du das Verhalten deines Hundes ein-

sortieren kannst. Gott sei Dank ist das meiste Verhalten, das wir mitbekommen, das von einem „gehemmten Angriff". Die Möglichkeit für einen „ungehemmten Angriff" besitzt aber natürlich jeder Hund und nicht erschrecken: In manchen Situationen ist diese Reaktion physiologisch normal und wir würden nicht von einem krankhaften Verhalten sprechen.
Das ist zum Beispiel der Fall, wenn eine Mutter-Hündin ihre Welpen verteidigt. Da diskutiert die nicht über mehrere Stufen mit dem Angreifer, sondern hier geht es wirklich um etwas Lebensbedrohliches und dann wird sofort gehandelt. Familie wird verteidigt und auch all das, was dazugehört, wie Territorium zum Beispiel. Auch da könnte es bei Hunden zu einem „ungehemmten Angriff" kommen.
Ganz wichtig: könnte. Ein Hund ist schließlich nicht lebensmüde, sondern schaut immer ganz klar mit einer Kosten-Nutzen-Analyse, was ihm das Verhalten in der jeweiligen Situation bringt.
Glücklicherweise können wir tatsächlich über die verschiedenen Stufen erkennen, an welcher Stelle ein Hund vom Imponieren ins Drohen und in den „gehemmten Angriff" übergeht. Oftmals klingt das sehr laut und gefährlich, oftmals sind die Hunde so 2-3 Sekündchen ineinander verzahnt. Spätestens wenn der eine Hund aber feststellt, dass der andere Hund stärker ist, deeskalieren sie wieder. Unterm Strich wollen beide Hunde Verletzungen vermeiden. Das ist das Wichtigste. Es geht ihnen nicht darum, zu beschädigen, sondern eher darum, zu vermeiden. Wenn sie deeskalieren, heißt das nicht, dass sie beste Freunde werden, aber dass sie sich selber regulieren können, und das ist überlebenswichtig.
Eine Schwierigkeit liegt darin, dass wir als Menschen nicht immer greifen können, wie gefährlich es in dem Augenblick

wirklich ist. Ein „ungehemmter Angriff" kommt a) sehr, sehr, sehr selten durch und b) haben die Hunde, die in unserem sozialen Gefüge leben, relativ wenig Interesse, einen „ungehemmten" Angriff einzusetzen.
Bei einem „ungehemmten Angriff" legt der Hund die Energie nicht mehr ins Knurren oder die Vokalisation. Das tut er eher bei einem „gehemmten Angriff", um Stärke zu demonstrieren. Bei einem „ungehemmten" Angriff hat man kein optisches Ausdrucksverhalten mehr, das einen folgenden Angriff anzeigen würde. Hier spart sich der Hund die unterschiedlichen Drohstufen, sondern könnte von jetzt auf gleich richtig loslegen.
Dein Welpe muss lernen zu kommunizieren und sollte daher möglichst viel Kontakt mit anderen Hunden haben. Dafür ist der Kontakt mit anderen Welpen in der Hundeschule geeignet. Wenn die Welpen miteinander spielen, kann es passieren, dass sie aufeinander knallen und die Post abgeht. Die bewerfen sich nicht gerade mit Wattebäuschen, das geht schon relativ rau zu, aber das können die auch oft selber regulieren. Es ist also nicht schlimm, wenn dein Welpe die Erfahrung macht, wie es sich anfühlt, wenn ein anderer Hund Aggression zeigt oder wenn er selbst Grenzen aufzeigen muss und sich sagt:

„Nein, ich brauche jetzt eine Pause und muss mich zurückziehen."

Je mehr wir von unserem Hund sehen, desto besser können wir seine Körpersprache einschätzen. Und ein Hund, der Aggressionen zeigt, ist nicht schlimm, sondern man kann mit ihm unheimlich gut arbeiten. Manchmal stellen wir sogar fest, dass seine

Aggressionen mit uns zu tun haben. Hinterfrag also deine Position an dieser Stelle und guck, ob du deinem Hund genug Sicherheit vermittelst, damit er sich im Alltag sicher fühlt und das aggressive Verhalten erst überhaupt nicht ausführen muss. Solch ein Verhalten dir gegenüber kann auch ein Anzeichen von Stress sein, weil er überfordert ist und von dir Hilfe und Unterstützung fordert. Dann ist es sinnvoll, dass du die Führung übernimmst und deinem Welpen vermittelst:

„Pass auf: Ich erwarte jetzt von dir, dass du im Fuß neben mir läufst. Das ist jetzt dein Job und um den Rest kümmere ich mich."

Das heißt, du positionierst dich so, dass du zwischen den Hunden gehst und deinen Hund durch eine Übung ablenkst oder einen größeren Bogen um den Erzfeind läufst. Das sind dann sogenannte Management-Maßnahmen. Wenn dein Welpe sich darauf verlassen kann, dass du ihm vorgibst, was er machen soll, kann sein Stresslevel wieder sinken.

Wenn du schon ganz früh aggressives Verhalten bei deinem Welpen feststellst, hole dir am besten frühzeitig professionelle Hilfe. Zum Beispiel in deiner Hundeschule. Kehre das Thema auf keinen Fall unter den Tisch, denn a) sind Aggressionen nicht schlimm und b) gilt, je eher du deinen Hund verstehen und lesen kannst, desto eher kannst du auch etwas dagegen tun - und das bedeutet für dich und deinen Hund entspannte Spaziergänge und einen entspannten Alltag.

26. Das 1x1 des Maulkorbtrainings

Vielleicht wirkt es merkwürdig, in einem Welpenbuch über den Maulkorb zu sprechen. Aber das ist gar nicht so ein Drama: Einen Maulkorb brauche ich, um entweder andere vor meinem Hund zu schützen oder meinen Hund selbst zu schützen. Zum Beispiel beim Anti-Giftköder-Training, damit der Kleine nicht immer alles auffrisst. Oder als vorsorgliche Maßnahme, wenn du zum Beispiel mit der Bahn unterwegs bist oder in öffentlichen Verkehrsmitteln. Häufig ist es dort sogar Pflicht, dass dein Hund einen Maulkorb trägt.

Wie bei allem ist es so, dass der Hund es gerne tragen sollte. Er hat nämlich Stress, wenn er, wenn er den Maulkorb schon nicht leiden mag, dann zusätzlich noch seinen Erzfeind trifft, gegen den er sich so nicht wirklich verteidigen kann, sich dann auch noch benehmen soll. Das funktioniert meistens nicht sonderlich gut und deshalb ist ein frühes Gewöhnungstraining tatsächlich sinnvoll.

Wir machen das bei uns in den Welpenschulen auch immer, dass die Kleinen regelmäßig ein Maulkorbtraining bekommen.
Wie immer gilt: **Trainiere mit guter Laune!**

Checkliste: So finde ich den passenden Maulkorb

- Der Maulkorb rutscht nicht in die Augen ◯
- Mein Welpe kann gut atmen und hecheln ◯
- Das Modell schnürt nirgendwo ein ◯
- Mein Welpe kann noch trinken und Leckerchen essen ◯
- Mein Welpe kann den Korb nicht durchbeißen ◯
- Der Korb hindert meinen Welpen daran, verbotene Sachen vom Boden zu fressen ◯

Du siehst, es ist einiges zu beachten, daher hilft es, den Maulkorb anpassen zu lassen.
Passt alles, geht es zu Hause mit dem eigentlichen Training los, denn du kannst dir vorstellen: Wenn du jetzt einfach einen Maulkorb nimmst und ihn über die Hundeschnauze stülpst, wird sich dein Welpe natürlich nicht freuen. Und damit du ihn damit nicht überrumpelst, machen wir ein ganz leichtes, lockeres Training.

Schritt 1: Vorbereitung – Wir verknüpfen den Maulkorb mit einem guten Gefühl!

Gestalte den Maulkorb interessant! Halte ihn so, dass deine Hand unter dem Maulkorb ist, und präpariere ihn mit mehreren Leckerchen. Wenn du den Maulkorb in deiner Hand quasi einbettest, rutschen die Leckerchen auch nicht durch. Ist der Korb gut präpariert, verschwindet deine Hand samt Maulkorb erst einmal hinter deinem Rücken.
Dann lockst du deinen Hund zu dir, gehst in die Hocke und hältst ihm den Maulkorb hin und er darf seine eigenen Erfahrungen damit machen. Wenn du den Maulkorb also rausholst, kannst du anfangen, mit guter Laune zu sagen:

„He! Guck mal, was ich hier habe! Prima ist das! Klasse!"

Durch Neugier getrieben, wird er seine Nase von selbst hineinstecken und die Leckerchen fressen und sagen:

„He, das ist wirklich prima! Das ist ein neues Spiel, was wir hier machen."

Eine andere gute Möglichkeit: Wenn du deinen Welpen fütterst und Fressen seine Leidenschaft ist, dann leg den Maulkorb neben seinen Napf. Pass das einfach individuell auf deinen Welpen an und guck, was er an dieser Stelle gerade braucht.
Der Maulkorb sollte jedoch nicht zur freien Verfügung stehen. Er ist schließlich ein Arbeitsgerät. Es gibt ihn nur zu bestimmten Zeiten und nur in Verbindung mit dir und diesen Leckerchen. Und jedes Mal wird der Maulkorb dadurch attraktiv gemacht.
Probier das mal eine gute Woche aus. Also sag nicht schon nach nur ein paar Übungen:

„Oh, das klappt! Ich passe das jetzt an. Und dann mache ich auch direkt hier die Strippen auf und stülpe dem Hund den Korb über.“

Der Hund bestimmt, wann er seine Schnauze reinsteckt. Und so sollte dieses Training auch bleiben. Es spielt überhaupt gar keine Rolle, ob ein gutes Maulkorbtraining 7, 8, 9 oder 10 Wochen dauert. Hauptsache, es passiert freiwillig.
Wenn du fleißig trainierst, wird sich dein Hund Schritt für Schritt an den Maulkorb gewöhnen. Er wird seine Schnauze reinlegen, du wirst hinten die Bändel nehmen können und den Korb einfach mal ein paar Sekunden um seine Schnauze lassen können. Dann nimmst du den Korb wieder runter und lobst deinen Hund kräftig. Das kannst du mit 10-15 Wiederholungen am Tag trainieren. Immer ein paar Sekunden lang mit guter Stimmung und viel Lob.
So kommst du immer schneller dahin, dass du den Maulkorb hinten verschließen kannst.

Achtung! Das Geräusch der Schnalle bitte vorher unabhängig trainieren, damit der Hund sich daran gewöhnt. Er sollte es vor dem Aufsetzen schon gehört haben und kennen. Je nach Verschluss kann das „Klick” nämlich sehr laut sein. Es wäre jetzt nämlich blöd, wenn du lange trainiert hast und alles gut läuft und du nach drei Wochen den Maulkorb endlich hinten verschließen kannst und dann erschreckt sich dein Hund bei dem lauten Geräusch und du musst von vorne anfangen.

Zusatzhinweis: Setz deinem Hund keinen Maulkorb auf und lass ihn damit alleine! Der Hund kann sich im schlimmsten Fall verletzen, denn es bleibt einfach ein Fremdkörper. Je nach Stimmung des Hundes versucht er vielleicht, sich den Maulkorb abzukratzen, und es wäre einfach schlimm, wenn dein Hund eine unnötig schlechte Erfahrung damit macht, bei der er sich zusätzlich noch erschrecken könnte.

27. Körpersprache bei Hunden.

Die 5 häufigsten Typen

Mittlerweile kennst du deinen Hund sicherlich gut, aber hin und wieder überlegst du bestimmt noch:

„Wie meint der das denn jetzt?"

... wenn sich der Hund auf eine bestimmte Art verhält und du dieses Verhalten oder die Motivation dahinter nicht deuten kannst. Für solche Situationen bekommst du in diesem Kapitel ein paar Ideen an die Hand.
Was kann ein Hund im Ausdrucksverhalten zeigen? Und was bedeutet das eigentlich? Und wie reagiert man am besten darauf?
Körpersprache ist ein unheimlich spannendes Thema, weil wir Hundehalter oft vor dem Problem stehen und uns fragen:

„Hat er jetzt Angst oder freut er sich? Oder warum mischt er gerade verschiedene Verhaltensformen?"

Das ist manchmal das Knifflige im Bereich der „Körpersprache", denn Hunde können ihre Verhaltensweisen und Reaktionen natürlich mischen. Das heißt, es ist nicht immer ganz eindeutig zu erkennen, wie es deinem Hund geht: Was ist es jetzt genau? Das ist aber ganz normal, dass man nicht immer und sofort alles zu 100 % richtig erkennen kann. Du wirst im

Laufe der Zeit sicherlich in das Thema hineinwachsen.
Um eine bessere Orientierung zu bekommen, findest du eine Übersicht über gängige Körperpositionen, die ein Hund zeigen kann, und worauf du als Halter achten solltest, um diese zu erkennen:

Typ 1: Neutrale Stimmung

Neutrale Stimmung heißt: Der Hund verschwendet keine Energie. Das ist an einer sehr lockeren Körpersprache zu erkennen.
Bei neutraler Stimmung sieht der Hund ganz locker aus. Streichelst du über sein Fell und seinen Körper, so ist auch dieser entspannt und locker. Du kannst keine starren Muskeln spüren oder Haut, die sich verhärtet, sondern oft schmiegt sich der Hund an deine Bewegungen an. Seine Augen sind nicht zu

weit aufgerissen, sondern im Normalzustand.
Er müsste zudem Energie aufwenden, um seine Ohren nach vorne oder nach hinten zu drehen. Die Ohren sind also locker, die Rute ebenso. Die Beine sind gestreckt, aber auch nicht zu stark.
Beobachte deinen Hund in unterschiedlichen Situationen: Wie kommt er auf dich zu? Ist er entspannt oder aufgeregt? Ist er aufgeregt, liegt das möglicherweise daran, dass er gerade von dir gelockt wird. In Trainingssituationen hast du eine etwas stärkere Erregungslage, die sich von derjenigen unterscheidet, die du hast, wenn du nachmittags auf der Couch entspannst.

Typ 2: Fluchtverhalten

Verhält sich ein Hund fluchtbereit, so siehst du, dass seine Körpersprache und sein Gewicht nach hinten verlagert sind. Er meidet eine Konfrontation nach vorne und verlagert den Körperschwerpunkt nach hinten. Oft erkennst du, dass der

Hund sich in der Nähe von dem Stressor, vor dem er fliehen will, windet und möglichst wenig Körperfläche in die Nähe bringen will. Hast du die Chance, der Flucht nachzugeben, etwa, wenn du die Leine verlängerst, stellst du fest, dass der Hund bei mehr Distanz auch weniger Fluchtanzeichen und Tendenzen zeigen wird. Er stellt sich situativ immer auf den aktuellen Istzustand ein und passt sein Verhalten sekundengenau an.

Typ 3: Ängstlicher Hund

Daran erkennst du einen Angsthund: Die Rute ist eingezogen und die Ohren hängen nach unten. Der Blick auf einen Stressor wird vermieden. Der Hund nimmt sich zurück, zieht sich quasi in seinen Sicherheitsbereich zurück und wirkt völlig anders als ein Hund, der Stärke beweist. Er verhält sich unscheinbar und macht sich klein. Er vermeidet durch seine Körpersprache, provokant zu wirken.

Typ 4: Spielender Hund

Ein spielender Hund zeigt sein Ausdrucksverhalten übertrieben dargestellt. Alles ist weich und scheint bei jeder Bewegung zu wackeln. Manche Hunde zeigen ein Spielgesicht, die Mimik ist also auch übertrieben dargestellt. Beim Spiel ist der Hund in der Lage, alle Verhaltensweisen aus allen Stimmungslagen zu zeigen. Du erkennst bei einem echten Spiel keine logische Abfolge seiner nächsten Handlung. Der nächste Schritt ist nicht vorhersagbar.

28. Spielverhalten: Interaktion mit Artgenossen und Menschen

Spielverhalten ist sehr wichtig. Das ist der Grund, warum in vielen Welpenstunden den kleinen Rackern viel Raum zum Spielen gegeben wird. Der Hund sollte bestmöglich seine Kommunikation mit anderen schärfen - im Spielverhalten kann er das total entspannt üben.

Ganz wichtig: Hunde spielen logischerweise nur dann, wenn sie entspannt sind und es ihnen gut geht. Ansonsten kommt keine Spielstimmung bei ihnen auf. Das heißt, wenn dein Hund zum Spiel auffordert, egal ob dich oder andere Hunde, ist es erst mal als gutes Zeichen zu deuten.

Hunde spielen miteinander, um ihre „Kommunikationswerkzeuge" zu schärfen, und zwar für später und für einen möglichen „Ernstfall". Das Spielen kann dann tatsächlich ganz schön wild aussehen. Die kleinen Welpen verknoten sich, verbeißen sich, benutzen ihre Waffen, ihre Zähne, sie knurren, bellen und sehen furchtbar dramatisch böse aus. Das Gute daran ist: Es ist überhaupt nicht schlimm.

Für uns als Hundehalter ist es manchmal ein bisschen schwierig einzuschätzen, was noch Spiel ist und was möglicherweise schon wirkliche Aggression.

Jetzt ist die Frage: Woran erkennst du den Unterschied?

Spielverhalten wird meistens sehr übertrieben in der Körperhaltung und im ganzen Ausdrucksverhalten dargestellt. Es kann auch sein, dass dein Hund dabei sehr viele Geräu-

sche und Laute von sich gibt. Dazu zählt alles, was aus seiner Hundeschnauze rauskommt. Er macht „viel Lärm um nichts". Versuche anhand der Vokalisation während des Spiels die Stimmung deines Hundes abzulesen: Spielt er? Spielt er nicht? Wie hört es sich an? Im Laufe der Zeit wirst du erkennen können, welche Laute Spiellaute bei deinem Hund sind und wann er sie einsetzt.
Wichtig ist jedoch, dass du das Verhalten deines Hundes immer im Gesamtkontext deutest.

„Aber wann gehe ich dazwischen? Wann muss ich meinen Hund schützen? Wann nicht?"

Beim Spielen gibt es keine Gewinner und keine Verlierer. Das heißt, die Hunde wechseln untereinander ihre Rollen. Das passiert meistens ganz automatisch, das kriegen wir gar nicht mit, das müssen wir auch gar nicht steuern. Mal rennt Hund A hinter Hund B her und mal ist es umgekehrt. Das kann innerhalb von Sekunden wechseln und oft regulieren sich die Hunde selbst. Das heißt, die beißen sich mit ihren Zähnchen überall hinein, überschlagen sich und plötzlich quietscht es. Das heißt, jemand hat vielleicht zu stark die Zähne eingesetzt. Die Hunde gehen auseinander, und zwar ganz von alleine. Dabei gucken sie sich meistens an, es vergehen 1-2 Sekunden, sie schütteln sich und zack, toben sie wieder los.
Das ist eigentlich das Beste, was uns an dieser Stelle passieren kann. Sie spielen, sie tun sich weh, der eine sagt:

„Aua, das ging zu weit. Du hast gerade hier eine Grenze überschritten.“

Der andere Hund akzeptiert das, aber das Spiel ist nicht in Gefahr und es geht weiter. Für beide Hunde ist das ein großer Lernerfolg. Die Welpen lernen, ihre Werkzeuge einzusetzen, ihre Körpersprache zu zeigen, Ausdruck zu verleihen. Und sie lernen, wie es ist, der Unterlegene oder der Überlegene zu sein und entspannt alle Sorgen fallen zu lassen.
Das ist unheimlich wichtig und sogar überlebenswichtig. Hunde schulen so nicht nur ihr Sozialverhalten und ihre Kommunikation, sondern der ständige Wechsel zwischen Anspannung und Entspannung ist auch für das physische Gleichgewicht sehr wichtig.

In dieser Situation solltest du eingreifen:

Beim sogenannten **Mobbing**. Das erkennt man daran, wenn ein Hund aus einer Gruppe ausgeklinkt und dann von mehreren Hunden verfolgt wird. In solch einer Situation kannst du in der Körpersprache des weglaufenden Hundes kein Spielverhalten oder keine Freude mehr erkennen. Stattdessen hat er große Pupillen, aufgerissene Augen, sein Körper ist relativ in sich gezogen und verkrampft und meistens ist die Rute unter dem Po. Das sind Anzeichen von typischem Angstverhalten, wenn also ein Hund von mehreren Hunden gejagt oder in eine Ecke getrieben wird, aus der er alleine nicht wieder rauskommt. Gerade wenn das in eurer Hundeschule passiert, solltest du eingreifen, denn der Hund soll nicht mit dieser ängstlichen Stimmung vom Platz gehen und die anderen Hunde sollen nicht das Gefühl vermittelt bekommen, dass sie gemeinsam Druck auf andere Welpen und Hunde aufbauen können.

Was du in solchen Situationen tun kannst:

Alle Welpenhalter sollten ihre Hunde zu sich rufen oder das Spiel unterbrechen. Wenn sie die Welpen kurz bei sich gehalten haben, kann das Spiel weitergehen, aber besser in einer anderen, sortierten Konstellation. Die Hunde werden so neu zum Spielen gepaart, dass du weißt, dass sie sich verstehen. Falls dein Hund der ängstliche ist, kannst du ihn unterstützen, indem du zu ihm gehst. Angenommen, er sitzt ängstlich auf der Wiese, dann geh hin, nimm ihn aber bitte nicht auf den Arm, sondern geh in die Hocke zu ihm. Halte ihn fest und sei da und gib ihm Halt, das fühlt sich gut für ihn an. Jetzt ist es wichtig, dass du so lange in dieser Position bleibst, bis der Hund sich von sich aus entspannt. Bis er seine Körpersprache ändert. Er stellt fest:

„Herrchen ist da, Frauchen ist da, ich kann mich entspannen. Die bösen Hunde sind alle weg."

Wenn du das Gefühl hast, er betrachtet diesen Ort wieder als neutral, stehst du auf und es können 1- 3 Welpen hinzukommen (gerne auch immer mit einem größeren Zeitabstand dazwischen, sodass nicht alle auf einmal auf den Welpen zulaufen ...) und es kann ein lockeres Spiel stattfinden. Nach kurzer Spielzeit trennst du deinen Welpen von den anderen und kannst die Übung beenden.
Gib ihm Halt, sei da und dann geht es für ihn zurück in die Situation, aber, wie gesagt, mit weniger Welpen. Bleib im

Hintergrund präsent und beobachte deinen Welpen dosiert. Wenn das gut läuft, gilt: Aufhören, wenn es am schönsten ist! Nimm deinen Hund und löse die Situation auf. Gehe entspannt und lächelnd mit deinem Hund vom Platz.
Häufig sagen Hundehalter, dass sie sich unwohl fühlen in solchen Konfliktsituationen, weil sie nicht genau wissen, was sie tun sollen und wie sie reagieren sollen. Oft ist vielleicht der andere Hundehalter noch da und der reagiert halt nicht so schön oder man lacht oder man kriegt das nicht so mit.
Denk immer daran: Es ist dein Welpe. Du bleibst in der Verantwortung und was er lernen soll, ist, ein guter Sozialpartner zu sein. Das wird er, wenn er deinen Rückhalt bekommt und den Stress gemeinsam mit dir abbauen kann, bis er entspannt.
Aber nicht nur das Spielen mit Artgenossen, sondern auch das Spielen mit uns Menschen ist unheimlich wichtig. Weil es ein anderes Spielen ist. Wir haben andere Ansprüche an das Spielen als ein Hund. Somit lernt er beide Varianten kennen und kann sich darauf einstellen. Du darfst Spielzeug dazu benutzen, du darfst deinen Körper dazu benutzen, du darfst alles machen, was Spaß macht.
Spielzeug gibt es in allen Variationen. Aber egal, was du benutzt, egal, was Spaß macht: Du solltest den Rahmen immer insofern abstecken, dass es niemals zu einer ganz großen Unkontrollierbarkeit des Hundes kommt und das Spiel dadurch kippt. Schick ihn beim Spielen nicht unkontrolliert hin und her, denn sonst spielt er sich in Rage. Beachte: Reines Stöckchen- oder Ballwerfen ist kein Spiel! Wie du weiter oben schon gelesen hast, findet beim Spiel ein Rollentausch statt. Das haben wir beim klassischen Bällchenwerfen nicht …
Spielverhalten heißt auch, dass du dich schmutzig machen darfst. Das heißt, wenn es dein Bestreben ist, mit dem Hund

zusammen durch den Dreck und über die Wiese zu toben, dann mach das. Es ist völlig in Ordnung. Wie gesagt, Voraussetzung ist, dass es euch beiden Spaß macht und das Spiel sich zu jeder Zeit wieder unterbrechen lässt.
Wenn Kinder mit dem Hund spielen, sollten sich diese Einheiten auch jederzeit durch das Kind abbrechen lassen. Dass das Kind sagen kann:

„Danke, genug gespielt. Ich höre jetzt auf und mache Hausaufgaben."

Je doller und wilder sie vorher spielen, desto ausgelassener wird dies auch der Hund tun. Und es ist für den Hund nicht immer klar, dass wirklich Ende der Spielzeit ist, wenn plötzlich gesagt wird:

„So, ich habe jetzt keine Lust mehr."

Da wäre es hilfreich, wenn du in dieser Situation als Mama oder Papa im Hintergrund präsent bist, um das Spiel zu beenden, damit sich der Hund nicht durch eine Übersprungshandlung oder durch Anspringen irgendwie an das Kind klemmt, weil er weiterspielen will.
Du wirst feststellen: Je älter dein Hund ist, desto weniger wird er spielen. Das ist ganz normal. Es gibt aber Hunde, die auch im hohen Alter noch gerne spielen, auch das ist in Ordnung.
Spieleinheiten verbinden dich mit deinem Hund und deshalb ist es wichtig, dass du darauf achtest, womit dein Hund gerne spielt. Ist es das handelsübliche Spielzeug, mag er Denkspiele oder eher körperliche Auslastung?

Schau einfach, was dein Hund braucht, und probiere es aus. Du glaubst gar nicht, was diese leichten Spielübungen wirklich an Bindungsaufbau und Vertrauen leisten. Und wenn sich der Hund bei dir einfach fallen lassen kann, ist das eine wunderbare Geschichte.

29. Fehler-Special:
Drei typische Alltagsprobleme im Überblick

In diesem Kapitel möchte ich drei Alltagsbereiche aufgreifen, in denen sich ganz unbewusst typische Fehler einschleichen können. Du bekommst einen kompakten Überblick und Anleitungen, wie du diese Fehler vermeidest.

Fehlerquelle 1: Zu viel Anfangsaufmerksamkeit und plötzlicher Wechsel

Dein frisch gebackener Welpe ist da. Du bist stolz. Er ist der Inhalt deines momentanen Lebens. Deshalb bekommt er jegliche Aufmerksamkeit von dir. Du stehst immer daneben und sagst:

„Guck mal! Er hat nach links geguckt! Guck mal! Er hat nach rechts geguckt!"

Wir müssen uns bei allem vor Augen halten, was die Konsequenz unseres Verhaltens ist. Was wird in Zukunft passieren, wenn der Hund so viel Aufmerksamkeit genießt?
Er gewöhnt sich daran und geht davon aus, dass das der Standard ist. Versuche von Anfang an Wechsel zwischen Aufmerksamkeit und Pausen einzubauen, sodass der Hund sich auch alleine beschäftigen kann und dich nicht weiter auffor-

dern wird, um mehr zu verlangen.

Fehlerquelle 2: Spaziergänge, Sozialkontakte und erste Probleme an der Leine

Dein Hund braucht Sozialkontakte und er muss seine Umwelt kennenlernen. Und die sozial-sensible Phase, die maximal bis zur 20. Lebenswoche geht, solltest du dafür nutzen, um deinem Welpen richtig gute Erfahrungen mitzugeben.
Das bedeutet aber nicht, dass du jetzt mit deinem Hund an der

Leine zu jedem Menschen hinläufst. Das Problem ist: Es freut sich ja noch jeder über den Hund. Du tust dem Hund nichts Gutes damit, wenn du ihn völlig frei laufen und entscheiden lässt, wo er jetzt hingeht und wo er sich das nächste Bonbon abholt. Wenn dein Hund dann schon etwas länger bei dir ist und dich der Alltag eingeholt hat, hast du morgens um halb 6 wahrscheinlich nicht so die Motivation, deinen Hund überall vorzustellen und ihn frei laufen zu lassen. Das bedeutet für deinen Hund aber völlige Verwirrung, denn er sagt sich:

„Hey, was ist mit dir los? Ich konnte am Anfang immer zu Frau Schulz von gegenüber hinlaufen und habe mir da morgendlich meinen Keks abgeholt. Warum darf ich das jetzt nicht mehr? Nur weil es regnet, willst du das plötzlich nicht mehr und ziehst mich weg?"

Hier sind die ersten Konflikte an der Leine vorprogrammiert. Dein Hund will völlig selbstverständlich zu Frau Schulz und sich den Keks abholen, aber du sagst:

„Pass auf, Struppi! Es regnet. Ich habe verschlafen. Ich muss zur Arbeit."

Und dann gehst du weiter und ziehst ihn über die Leine mit. Das bekommt er mit. Er verspürt den Druck über das Halsband oder Geschirr und wird automatisch mitgezogen. Das bedeutet aber nicht, dass du den Hund an dieser Stelle führst, sondern er kommt nur mit, weil es aufgrund der Leine nicht anders geht. Stattdessen wäre es sinnvoll, mit Signalen wie „Weiter" zu trainieren, damit er das lernt, oder ihm direkt eine Erlaubnis mit einem „Okay" zu erteilen, dass er zu Frau Schulz darf.

So kannst du ihn daran gewöhnen, dass du entscheidest, ob er zu Frau Schulz darf oder nicht und wie lange er sich dort Streicheleinheiten abholen darf. Das ist für den Hund viel logischer. Die Reglementierung läuft über dich und nicht über die Leine.

Fehlerquelle 3: Dein Hund bestimmt über Couch und Bett

Eine ganz beliebte Frage von Kunden: Darf der Hund auf die Couch? Darf er ins Bett? Oder darf er es nicht? Meine wichtigste Gegenfrage ist an dieser Stelle: Darfst du auch noch auf die Couch?
Wenn du auch noch auf deine Couch darfst und dein Hund entspannt neben dir liegt und gekrault werden will, dann

kann er ruhig auf die Couch. Das ist überhaupt kein Problem. Habt beide Spaß, wenn ihr das beide wollt.
Wichtig ist: Stimmt das Verhältnis zwischen dir und deinem Hund? Lässt er sich von dir lenken? Kommt er bei einem „Hopp" auf die Couch und bekommst du ihn mit einem „Runter" wieder auf den Boden der Tatsachen? Wenn er es ohne Protest tut, ohne dir in den Arm zu beißen oder Ähnliches, so ist das alles kein Problem.
Du kannst vielleicht noch eine Decke auf die Couch legen. Somit hat dein Hund einen festen und optisch klaren Rahmen und weiß:

„Wenn die Decke da liegt, habe ich hier meinen Platz und da kuscheln Herrchen und Hund abends miteinander."

Das Gleiche gilt fürs Bett.

30. Ungewöhnlicher Trick für deine persönlichen Ruhephasen

Auch du brauchst deine Ruhephasen. Die Frage ist jedoch: Wie baust du sie dir in deinen Alltag? Und vor allen Dingen: Wie teilst du es deinem Hund mit, dass du jetzt eine Pause haben möchtest?
Da hilft dir die Trainingsübung „Aktive Pause", die du für diesen Zweck noch um einen zusätzlichen Schritt ergänzt.
Dein Hund orientiert sich im Alltag an deiner gelebten Routine. Daran macht er unter anderem fest, wie orientiert und motiviert du bist, mit ihm zu kommunizieren. Das sind ungeschriebene Gesetze und alle halten sich daran. Dennoch gibt es zusätzlich Phasen, in denen dein Hund deine Aufmerksamkeit sucht, aber du gerade keinen Kopf dazu hast bzw. keine Zeit. Vielleicht musst du ein zeitlich datiertes Projekt erstellen.
Nun ist die Frage, woran kann der Hund nun ableiten, dass er erst gar nicht zu versuchen braucht, deine Aufmerksamkeit zu bekommen und dich aus dem Projekt zu ziehen?
Für ihn ist nicht unbedingt klar, wenn du am Rechner sitzt und ihn nicht anfasst, nicht anguckst und nicht ansprichst, ob du das bewusst nicht machst und für wie lange du planst, es nicht zu machen. Oft wechselst du auch deine Position, holst dir Kaffee und verlässt deinen Stuhl und streichelst deinen Hund dann dabei im Vorbeigehen kurz.

Durch eine weitere Übung geben wir dir eine neue Option, deinem Welpen Klarheit zu vermitteln.

Bei der aktiven Pause schaffst du kleine Zeiten, in denen du konsequent etwas anderes fokussierst als deinen Hund. Dazu baust du jetzt noch ein weiteres Hilfsmittel ein, um erfolgreich zu sein:

Du setzt zusätzlich ein **optisches Signal** für den Hund. Ich nehme da gerne eine uralte Eisbärkindermütze. Die gehört zur Gattung Ich-will-sie-noch-nicht-wegschmeißen-aber-gebrauchen-tu-ich-sie-auch-nicht-wirklich. So ein „Hilfsmittel" kannst du nehmen und wenn dein Hund in der Nähe ist und das sieht, häng es direkt über die Türklinke. (Das geht übrigens auch gut mit einem Schal!)

Das ist für deinen Welpen ein Zeichen dafür, dass ab jetzt die Übung startet und du so tust, als hätte in deinem Haushalt

noch nie ein Hund irgendwann mal „Pieps!" gemacht.
Nach ein paar Sekunden oder einer halben Minute - das machst du bitte von deinem Hund abhängig - kommt der Schal oder die Mütze wieder weg und es ist alles wie vorher. Zukünftig kannst du die Zeiten langsam steigern.
Das funktioniert ähnlich wie bei der Leinenführigkeit, wo du mit einem Halsband- und Geschirrwechsel arbeitest.
Dein Hund wird bei dieser Übung relativ schnell merken:

„Wenn dieser Schal an einer bestimmten Stelle hängt, brauche ich Frauchen überhaupt nicht zu berühren. Ich brauche sie nicht aufzufordern. Sie wird nicht reagieren."

Gerade für sehr aktive Hunde, die schwer zur Ruhe kommen, oder für Hundehalter, die zwischendurch mal ein Päuschen brauchen oder selber einen stressigen Alltag haben, ist das eine hervorragende Übung, die du in unterschiedlichen Zeiten benutzen kannst. Durch diese bewusste Pause schaffst du sowohl für dich als auch für deinen Hund Entspannungsphasen. Dieses Ritual funktioniert auch super unterwegs, zum Beispiel im Hotel, wenn der Schal oder die Mütze dort über die Klinke gehängt werden. Der Hund gewöhnt sich wirklich sehr schnell daran.
Das Einzige, was zu beachten ist: Du musst natürlich Mittel finden, die in deinem Alltag keine normale Präsenz haben. Denn es wäre jetzt schlecht, wenn du einfach die Kaffeemaschine nur um 45 Grad drehst. Das ist natürlich etwas, was der Hund nicht unbedingt (be-)greifen kann. Es sollte schon etwas ganz Bewusstes sein, was du hinstellst oder eben um die Türklinke wickelst und was du dann genauso bewusst wieder wegstellst oder abhängst.

31. Wie erkennst du, ob dein Hund krank ist?

Grundlagen in „Erste Hilfe"

Manchmal ist es ein bisschen schwierig, einzuordnen, ob der Hund gesund ist oder krank. Ob er Fieber hat oder ob er einfach nur müde ist und deshalb so im Körbchen rumliegt. Ist das normal oder ist das ein erstes Anzeichen für eine Erkrankung?

Als guten, präventiven Tipp kann ich dir nur ans Herz legen, dass du deinen Welpen ganz genau beobachtest. Beobachte ihn in allen Alltagssituationen und Tagesphasen. Wie ist sein Fressverhalten? Isst er genug? Verträgt er das Futter? Hat er schnell Durchfall, wenn er Stress hat? Das muss nicht unbedingt ein Krankheitsanzeichen sein, sondern ist möglicherweise ein Hinweis darauf, dass gerade einfach ganz schön viel Action um ihn herum ist.

Beachte natürlich, dass viele Symptome, die ein Hund zeigen kann, unterschiedliche Ursprünge haben können. Kommuniziere mit einem Tierarzt, um auf Nummer sicher zu gehen. Beobachte deinen Welpen und gucke, ob das zu seinem Verhalten der letzten Tage und Wochen passt oder ungewöhnlich abweicht. Welpen schlafen sehr viel. Hast du aber das Gefühl, dass er übermäßig viel schläft und nach dem Schlafen nicht erholt ist und überhaupt nicht so wirklich in den Tag hineinkommt? Wirkt er apathisch oder ist er einfach nur ruhig? Auch hier gilt: Am besten beobachten. So bekommst du Vergleichswerte. Jeder Hund ist anders, jeder Hund hat einen

anderen Charakter und jeder Hund begegnet dem Tag anders. Und das bedeutet, du kannst nur Vergleiche anstellen, um definitiv zu kontrollieren, ob es ihm gut geht. Natürlich kannst du Fieber messen zur Kontrolle, aber du kannst dir vorstellen, dass das nicht das größte Hundehobby ist. Nicht jeder Welpe lässt sich das gleich gefallen.
An dieser Stelle empfehle ich dir deshalb, damit zum Tierarzt zu gehen und den Tierarzt professionell arbeiten zu lassen. Wenn du das Tierarzttraining schon gut absolviert hast und der Hund sich überall anfassen lässt, dann ist es gar kein Problem, dass du ihn gut und entspannt beim Tierarzt festhalten kannst, während dieser das Fieber misst.

Bleib beim Fieber übrigens ruhig: Fieber beginnt bei Hunden nämlich bei 39,5 Grad. Hunde besitzen 1 Grad mehr Körpertemperatur als wir Menschen. Das heißt, da kannst du dich noch entspannen. Bei einem Kind oder bei sich selbst würde man an dieser Stelle wahrscheinlich schon etwas nervöser werden.

Ganz wichtig: Stelle dem Hund immer genug Wasser zur Verfügung. Und bei allen Sorgen, die du hast: Bade nicht zu lange in diesen Sorgen und überlege, ob du zum Tierarzt sollst oder nicht. Ich empfehle dir am Anfang, auch wenn es möglicherweise für dich übertrieben zu sein scheint oder auch vielleicht für den Tierarzt an dieser Stelle, pack deinen Hund ein und fahr zur Kontrolle hin.
Selbst wenn es nichts Schlimmes ist und du alles schnell wieder in den Griff bekommst. Vor allen Dingen hast du noch

einmal eine neue Trainingssituation, die du direkt mitnehmen kannst als positive Erfahrung, und es geht dir danach besser. Das ist natürlich auch für den Genesungszustand des Hundes wichtig.
Es kann verschiedene Situationen geben, bei denen es sich lohnt, schnell zum Tierarzt zu fahren: Wenn der Durchfall nicht aufhört. Wenn der Welpe nicht frisst und trinkt. Das sind keine guten Zeichen. Oder wenn sich der Hund dauernd oder auch plötzlich übergibt.
Behalte ebenso im Hinterkopf, auch wenn ich es natürlich keinem wünsche, dass es passieren kann, dass dein Hund mit Giftködern in Berührung kommt. Wenn das passiert, fahre definitiv zeitig los zum Tierarzt. Wenn du die Chance hast, egal ob es vorne oder hinten rauskommt, nimm Proben mit; die kann man einschicken bzw. untersuchen. Und wenn es sich wirklich um eine Vergiftungsgeschichte handelt, weiß man zumindest, welche Ursachen diese hat. An dieser Stelle bitte keine Zeit verlieren, sondern zum Tierarzt fahren.
Stellst du Schwierigkeiten im Bewegungsapparat fest, humpelt dein Hund oder zieht er eine Pfote hinter sich her, warte auch hier nicht zu lange. Denk daran, dein Hund ist im Wachstum. Das bedeutet, alles, was korrekt zusammenwächst, ist gut. Wenn der Hund sich wirklich was getan hat, wächst es sich nicht von alleine aus. Damit keine bleibenden Schäden entstehen, solltest du schnell zum Arzt fahren und das abklären.
Schau dir auch die Schleimhäute deines Hundes an. Die sollten möglichst zartrosa aussehen. Wenn sie weiß oder blau werden, pack deinen Hund bitte ein und ab geht es zum Tierarzt! Dann ist nämlich irgendwas mit dem Sauerstoff und der Durchblutung möglicherweise nicht in Ordnung. Das muss

auf jeden Fall beobachtet werden, weil es einfach lebenswichtig ist, dass sein Herz-Kreislauf-System gut funktioniert.

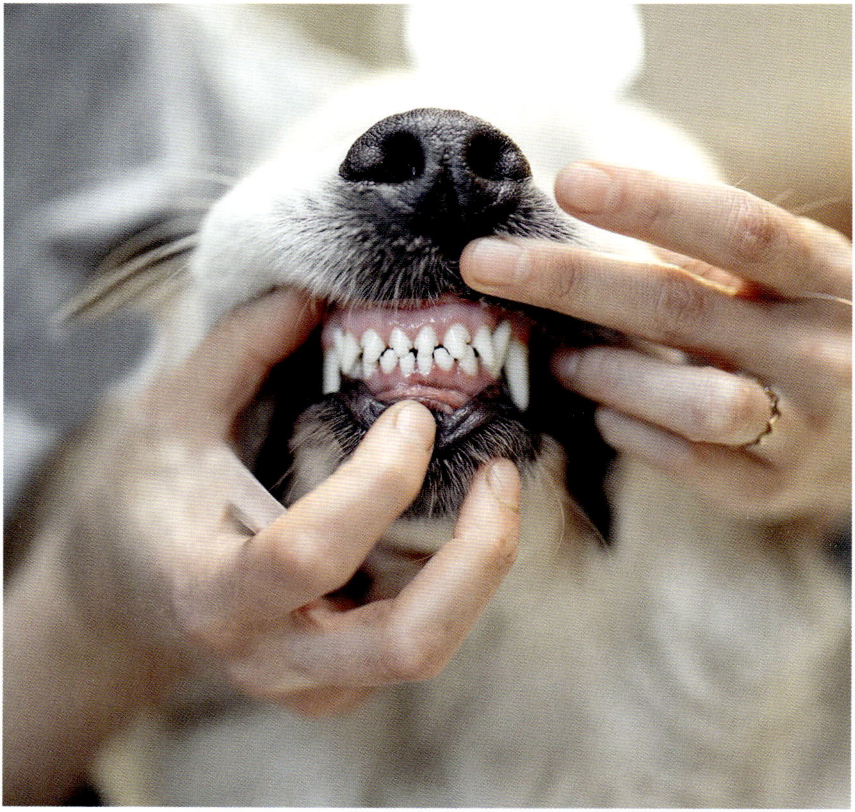

Sinnvoll ist es auch, wenn du dir zu Hause schon mal den tierärztlichen Notdienst zur Seite legst. So eine kleine Karte mit den wichtigsten Daten, die in Telefonnähe liegt oder die du direkt im Handy einspeicherst. Dann weißt du im Notfall Bescheid, welche Klinik du erreichen kannst. Das ist besonders hilfreich, wenn du irgendwo mitten in der Pampa im Wald stehst und sich dein Hund sein Sprunggelenk verzogen hat oder sonst was. So eine Nummer ist dann einfach Gold wert, denn sie spart dir Zeit.

Was sich auf jeden Fall lohnt: ein Erste-Hilfe-Kasten.

Da reicht ein ganz normaler. Du könntest diesen noch um eine Zeckenzange ergänzen.

Verletzt sich dein Hund, kann es gut sein, dass er unter Schock steht und Schmerzen hat. Dann kann es gut passieren, dass er nicht so reagiert wie der kleine, nette Welpe, den du eigentlich kennst. Das bedeutet: Du musst damit rechnen, dass du gebissen werden könntest. Aus diesem Grund ist es sinnvoll, dass du deinem Welpen eine Maulschlinge umlegst. Sicherheit geht immer vor. Wickel sie so, dass dein Hund nicht mehr zubeißen und sein Maul aufreißen kann, damit du ihn halten kannst. Das gilt auch für kranke oder verletzte Hunde, die du findest.

Unter Schock kann eine erhöhte Aggressionsbereitschaft vorkommen. Diese Aggression ist nicht gegen dich gerichtet, sondern es ist eine Abwehrfunktion, die aus einer wahnsinnigen Stresssituation entsteht. Also bitte emotional nichts hinein interpretieren. Erst mal die Situation absichern und dann Erste Hilfe leisten.

Erste Hilfe heißt jetzt nicht, dass du eine Herztransplantation durchführen musst. Erste Hilfe heißt „nur“, ihn am Leben zu halten. Das muss nicht schön aussehen. Das ist völlig egal. Sei für deinen Hund da. Sicher ihn ab. Wenn es Blutungen gibt, Blutungen stillen. Meistens kannst du eh nicht viel mehr machen. Wenn du dann die Nummer vom Tierarzt hast, dann kann es ganz schnell gehen und damit hast du schon viel geleistet! Und mein letzter Tipp: Melde dich zu einem Erste-Hilfe-Kurs für Mensch und Hund an, ganz ehrlich, schaden kann das nie, sondern im besten Fall sogar Leben retten! Danke!

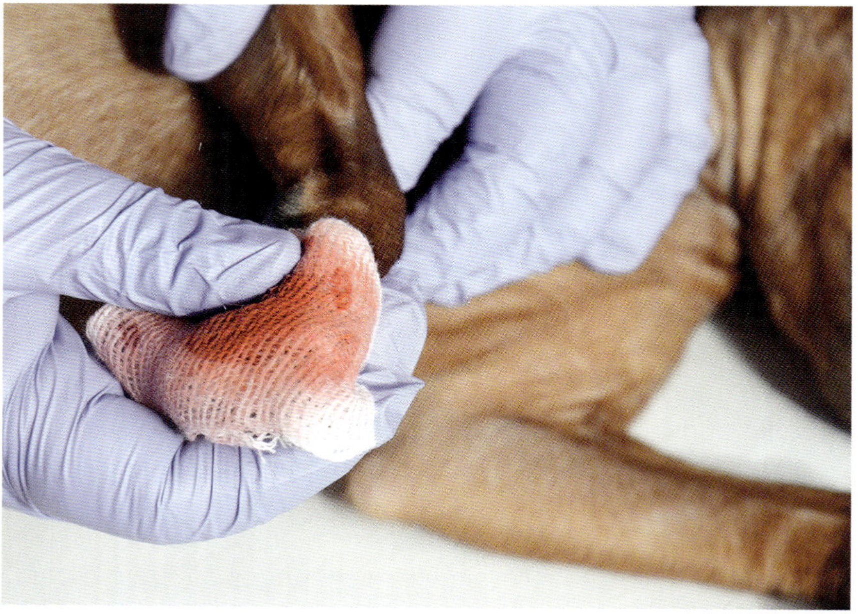

„Schlussworte"

Jetzt heißt es „Abschied nehmen". Das Buch ist nun zu Ende, aber du befindest dich erst am Anfang deiner Reise mit deinem kleinen Welpen. Bald kommt er in die Pubertät und da fängt dann ein ganz neues Kapitel für euch an.
Es bleibt also weiterhin spannend! Und es hat schon jetzt ganz schön Dampf mit deinem Zögling, oder?
Aber es ist auch einfach unheimlich schön, zu merken, wie man mit jedem Training und jeder kleinen Erfahrung im Alltag immer mehr zu einem guten Team zusammenwächst.
Mir hat es unheimlich viel Spaß gemacht, das alles für dich zusammenzufassen. Ich hoffe, die Übungen und Anleitungen bringen dir und deinem Welpen viel Spaß und die Erfolge, die du dir für euren gemeinsamen Start wünschst.
Und: Wenn du Fragen hast und noch mehr Training und Spieleinheiten machen möchtest, schau gerne hier vorbei:

www.mydog365.de

Wir freuen uns, dich und deinen Hund näher kennenzulernen und weiter mit euch zu arbeiten!
Also - alles Gute!

Deine Tina

Über die Autorin

Hundetrainerin Kristina Ziemer-Falke

Tina ist Hundetrainerin, Hundetrainer-Ausbilderin & Hundeverhaltensberaterin. Seit mehr als 15 Jahren bildet sie professionell Hundetrainer aus. Ihre Leidenschaft sowie das große Herz für Hunde teilt sie mit ihrem Mann Jörg Ziemer. Gemeinsam mit ihm gründete und leitet sie „Ziemer&Falke - Schulungszentrum für Hundetrainer", welches heute zu einer der führenden Ausbildungsstätten für Hundetraining zählt. Seit Jahren bilden sie Hundetrainer und Hundehalter erfolgreich aus.

Zudem ist Tina seit mehreren Jahren erfolgreiche Buchautorin und schreibt für viele Hundefachmagazine. Für mydog365 ist sie als Haupt-Hundetrainerin tätig.

mydog365 – die moderne Online-Hundeschule

Du und dein Hund werdet extrem zusammenwachsen und unheimlich viel Spaß haben!
Gemeinsam mit ausgebildeten Hundeprofis bringen wir die Hundeschule zu dir! Lerne in umfangreichen, aber spieleri-

schen und leicht verständlichen Lektionen, deinen Rebell zu bändigen. Du bist zu keiner Zeit mit deinen Fragen alleine - wir stehen dir zusammen mit unseren Hundetrainern voll und ganz zur Verfügung!

Das bekommst du:

- Wir bieten dir in unserer „Online-Hundeschule" **flexibles und individuelles Hundetraining**, das Spaß bringt und Lernerfolge garantiert. Egal, ob kleine oder große Probleme - mit unseren Online-Workshops kannst du deinen Hund **immer & überall trainieren. Ganz flexibel,** so wie es in deinen Alltag passt.

- Das Ganze findet online in unserer Akademie statt, auf die du als Mitglied **jederzeit Zugriff** hast. Dort findest du unsere mehrwöchigen Workshops zu zahlreichen Themen jederzeit klickbereit auf einem Kanal. Ob Grundkommandos, entspannte und sichere Leinenführung, Anti-Jagd-Training oder Abruftraining - es bleiben keine Trainingswünsche offen!

- **Rundum-Betreuung:** Du und dein Hund seid mit dem Training zu keiner Zeit alleine! Unser starkes Team aus erfahrenen Hundetrainern und Hunde-Verhaltensexperten begleitet dich Schritt für Schritt in jeder Lernphase.

Unser Ziel: Glückliche Hunde und glückliche Halter

Mehr als 250.000 Hundehalter haben mit unseren Erziehungskursen & Ratgebern ihren Alltag mit Hund bereichern können. Und über 8.670 Teilnehmer unserer Online-Workshops haben ihre Hauptprobleme wie das „Ziehen an der Leine" oder einen „sicheren Abruf" nachhaltig gelöst!

Wer steckt hinter mydog365?

Unser Team besteht aus wahren Hundeliebhabern, die alle nur zu gut wissen, wie ereichernd es ist, mit Hunden zu arbeiten und zusammenzuleben!
Jeder aus dem mydog365-Team bringt deshalb genau die richtige Portion Leidenschaft für Hunde mit, die wir für unsere Projekte brauchen. Und genau diese Begeisterung wollen wir an unsere Teilnehmer - also an dich! - weitergeben.
Mittlerweile besteht unser Team aus rund 20 Kreativköpfen, darunter ein Expertenteam aus Hundetrainern und Hundeverhaltensexperten. Dazu gehört auch die Autorin dieses Buches Tina Ziemer-Falke vom Schulungszentrum Ziemer&Falke. Gemeinsam tüfteln wir jeden Tag an neuen Ideen und Lösungen, die das Leben von dir und deinem Hund erleichtern und extrem verbessern.

Besuche www.mydog365.de und lerne uns kennen!

mydog365

Agility Running Contacts
Mehr dazu
Leinenführigkeits-Training
Mehr dazu
Silvester-Training
Mehr dazu
Welpen-Training
Mehr dazu

Bildnachweise

Buchumschlag

Titelbild Vorderseite .... Jeremy Bishop / Unsplash
Rückseite Bild 1 .... Envato Elements
Rückseite Bild 2 .... Envato Elements
Rückseite Bild 3 .... Envato Elements
Rückseite Bild 4 .... Adobe Stock
Rückseite Bild 5 .... Envato Elements
Rückseite Bild 6 .... Envato Elements

Innenteil

6 .... Adobe Stock
7 .... Envato Elements
8 .... Envato Elements
9 .... Eigene Abbildung
13 .... Envato Elements
15 .... Envato Elements
23 .... Eigene Abbildung
25 .... Envato Elements
27 .... Adobe Stock
29 .... Envato Elements
31 .... Adobe Stock
33 .... Adobe Stock
42 .... Eigene Abbildung
44 .... Eigene Abbildung

45 .... Eigene Abbildung
54 .... Envato Elements
60 .... Justin Veenema / Unsplash
62 .... Envato Elements
65 .... Eigene Abbildung
74 .... Envato Elements
79 .... Envato Elements
81 .... Envato Elements
85 .... Adobe Stock
97 .... Adobe Stock
113 .... Adobe Stock
119 .... Adobe Stock
124 .... Envato Elements
140 .... Reed Shepherd / Unsplash
144 .... Eigene Abbildung
148 .... Eigene Abbildung
154 .... Eigene Abbildung
156 .... Envato Elements
158 .... Envato Elements
159 .... Envato Elements
160 .... Eigene Abbildung
163 .... Adobe Stock
167 .... Envato Elements / Adobe Stock
178 .... Envato Elements
179 .... Envato Elements
180 .... Envato Elements
181 .... Daniel Maas / Unsplash
188 .... Eigene Abbildung

Diese Bücher wirst du auch lieben:

ISBN-13: 978-3835418592

ISBN-13: 978-3833859205

ISBN-13: 978-3833871245

ISBN-13: 978-3942295130

ISBN-13: 978-3942295185

Mehr Bücher findest du auf
www.ziemer-falke.de/unsere-buecher

Liebe Welpenmama, lieber Welpenpapa!

Das Buch, das du gerade in Händen hältst, ist nur der Anfang.

Denn ich habe - als Ergänzung zu diesem Buch - einen kompletten Videokurs zum Thema "Training mit Welpen" erstellt. Den musst du dir unbedingt mal anschauen!

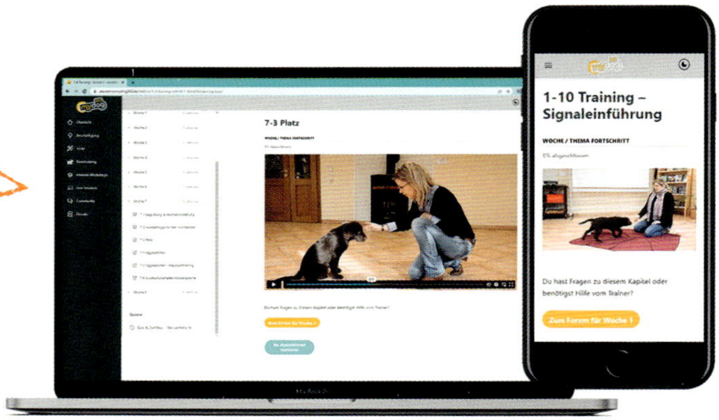

Darin habe ich alle wichtigen Themen aus diesem Buch nochmal mit verschiedenen Welpen abgefilmt.

Dann kannst du dir die verschiedenen Trainings aus diesem Buch direkt in der praktischen Umsetzung ansehen.

Der Onlinekurs ist echt toll geworden, finde ich. Mein ganzes Herzblut habe ich dort hineingesteckt! Damit du einen perfekten Start mit deinem Welpen hinlegen kannst und für alle Situationen gerüstet bist.

Und als Dankeschön, dass du dieses Buch gekauft hast, möchte ich dir einen 50€-Gutschein für diesen Welpenkurs schenken.

Benutze dazu einfach diesen Code: `welpe50`

Alle Infos findest du hier: **www.mydog365.de/welpenkurs**

Außerdem gibt es zu diesem Kurs ein Frage- und Antwort-Forum, wo ich dir gemeinsam mit meinem Trainer-Team jeden Tag alle deine Fragen rund um das Thema Welpentraining beantworte.

Die Mitglieder tauschen sich auch untereinander aus. Es wartet dort also eine ganz tolle Community auf dich.

Willst du mal reinschnuppern? Hier bekommst du noch mehr Infos zum Online-Welpenkurs:

www.mydog365.de/welpenkurs

Deine Tina